塔河油田地面工程新技术及应用实践

叶 帆 等 编著

科 学 出 版 社

北 京

内 容 简 介

本书基于塔河油田目前面临的难题,分别介绍了中国石油化工股份有限公司西北油田分公司在原油集输、原油处理、天然气处理、油田采出水处理、注氮气开发地面配套、节能及在线检测等领域研发推广的一系列先进技术,主要包括稠油掺稀降黏、稠油负压气提脱硫、含酸稠油脱水等一系列原油集输、处理新技术,天然气有机硫脱除机理、脱除溶剂及工艺等新技术,塔河油田采出水预氧化水质改性工艺、一体化高效就地分水回注等新工艺及新装备,以及塔河油田注氮气提高采收率配套的制氮、注氮、含氮天然气的分离等新技术;此外,还介绍了塔河油田在节能、在线检测等方面的新技术及新装备。

本书可供石油院校储运工程、石油工程、油田化学等专业的师生及从事油气田地面工程研究的科研人员、生产厂家的技术人员参考。

图书在版编目(CIP)数据

塔河油田地面工程新技术及应用实践/ 叶帆等编著. —北京:科学出版社,2022.8

ISBN 978-7-03-072763-3

Ⅰ. ①塔⋯ Ⅱ. ①叶⋯ Ⅲ. ①塔里木盆地-油田开发-地面工程 Ⅳ. ①TE4

中国版本图书馆 CIP 数据核字(2022)第 128078 号

责任编辑:万群霞 崔元春 / 责任校对:王萌萌
责任印制:吴兆东 / 封面设计:无极书装

科学出版社 出版

北京东黄城根北街 16 号
邮政编码:100717
http://www.sciencep.com

北京捷迅佳彩印刷有限公司 印刷
科学出版社发行 各地新华书店经销
*

2022 年 8 月第 一 版 开本:787×1092 1/16
2022 年 8 月第一次印刷 印张:12 1/2
字数:290 000

定价:198.00 元
(如有印装质量问题,我社负责调换)

前言

　　1984年9月，沙参2井在奥陶系获日产866t的高产油气流，拉开了在塔里木盆地寻找海相油气的序幕，实现了在塔里木盆地奥陶系碳酸盐岩中寻找大油田的突破，发现了塔里木盆地奥陶系碳酸盐岩的第一个大油田——塔河油田。

　　塔河油田以奥陶系碳酸盐岩古岩溶缝洞网络型油藏为主，埋深4200~7000m。油藏流体分布复杂，平面上由东南到西北具有凝析气—中质油—重质油变化的特点。塔河油田原油具有超稠、高含盐、高含硫化氢(H_2S)、高含沥青质等特点，油井间距离长，集输半径大。塔河油田的油藏特性、油气特性及地面特殊工况给油气田地面工程建设，尤其是油气集输处理带来了更多、更难、更高的要求与挑战。

　　近年来，随着科技进步和现场需要，许多新理论、新技术被引入油气田地面工程领域。中国石油化工股份有限公司西北油田分公司(简称西北油田分公司)通过不断开拓创新、实践摸索和总结经验，在原油集输、原油处理、天然气处理、油田采出水处理、注氮气开发地面配套、节能及在线检测等领域展开攻关并取得了较大的进展，形成了以稠油掺稀降黏、稠油负压气提脱硫、天然气有机硫脱除机理、预氧化水质改性工艺、含氮天然气分离、太阳能热电一体化、氮气在线检测等为代表的新技术，攻克了生产的道道难关，支撑了油田地面工程核心技术不断进步和发展方式的转变，保障了塔河油田的高效开发。

　　本书第1章由叶帆、赵毅、张菁编写；第2章由敬加强、钟荣强、张菁、葛鹏莉、杨静编写；第3章由赵德银、刘冀宁、常小虎、杨思远编写；第4章由敬加强、李鹏、黎志敏、高秋英编写；第5章由常小虎、黎志敏、徐梦瑶编写；第6章由赵德银、姚丽蓉、崔伟、高秋英编写；第7章由赵毅、黎志敏、杨静编写；第8章由邱海峰、滕建强编写；第9章由叶帆编写；全书由赵德银统稿，叶帆、赵毅审定。

　　在本书编写过程中参阅了大量文献资料，在此对文献的作者表示感谢！同时，在本书编写过程得到了各方的支持与帮助，在此深表感谢！

　　本书涉及内容专业范围广、技术性强，加之油气田地面工程技术发展日新月异，难免存在不妥之处，敬请专家、读者不吝指正，共同促进油气田地面工程技术的提高。

作　者

2021年9月

目录

第1章　绪　　论

1.1　塔河油田开发简介

塔河油田位于新疆维吾尔自治区巴音郭楞蒙古自治州轮台县和阿克苏地区库车市境内，行政归属于轮台县哈尔巴克乡和群巴克镇、库车市的塔里木乡，距轮台县城西南方向70km，距库车市东南方向100km。

1984年9月沙参2井在奥陶系获日产866t的高产油气流，拉开了在塔里木盆地寻找海相油气的序幕；1997年2月S46井用8mm油嘴、10月S48井用10mm油嘴在奥陶系分别获得日产182t、524t的高产油气流，从而发现了塔河油田，实现了在塔里木盆地奥陶系碳酸盐岩中寻找大油田的突破。

塔河油田是由三叠系、石炭系、奥陶系等多个不同性质油藏组成的油田(群)，主体是奥陶系碳酸盐岩古岩溶缝洞网络型油藏[1]。这种油藏类型的主要控制因素是不同期次、不同规模、不同方向的岩溶洞、缝、孔，并以复杂的形式连通而形成网络。因为网络发育程度不同、成藏和改造经历不同，各储集体在储量、产能、油质上有较大差别。

截至2020年8月，塔河油田探明含油面积2705km^2，探明地质储量13.87亿t，其中碳酸盐岩储量13.17亿t；探明含气面积2759.62km^2，天然气地质储量1893.38亿m^3，其中气层气736.40亿m^3。

投入开发的油气田区块共36个，油田地质储量采出程度7.65%，可采储量采出程度达63.48%，地质储量采油速度0.47%，年度SEC储量(即利用美国证券交易委员会准则评估出的油气储量)替代率106.2%，油田年综合含水率52.87%，自然递减13.4%，综合递减5.8%。投入开发气田综合含水率43.1%，气油比4303m^3/t。采气速度1.97%，地质储量采出程度34.43%，可采储量采出程度83.04%。

塔里木古生界碳酸盐岩埋藏深，深度达到7000m左右，钻探难度大，采出液物性复杂，面临许多技术难题，在很大程度上推动了我国油气勘探开发技术的发展，同时给油田地面工程技术发展提供了前所未有的机遇与挑战。

1.2　塔河油田地面建设概况

塔河油田历经探索发展、快速成长、重点突破、全面提升四个阶段，截至2020年8月共建成联合站4座，集气处理站、轻烃站10座，采出水处理站6座，燃气发电站3座，形成了一系列适合塔河油田高效开发的地面技术体系，建成了功能全面、配套完善的现代化地面工程系统，实现了装置"安、稳、长、满、优"运行，满足了油田高效开发的需要。

1)原油处理系统

原油处理系统包括联合站 4 座，设计原油处理能力 1100 万 t/a，实际处理能力 926 万 t/a；各类接转站、阀组站等 119 座；集油干线 162 条，长度为 899.1km；集油支线 38 条，长度为 124.4km；单井集油管线 2301 条，长度为 5098.4km；掺稀干线 53 条，长度为 327.1km；单井掺稀管线 834 条，长度为 2033.9km。

2)天然气处理系统

天然气处理系统包括集气处理站、轻烃站 10 座，设计处理气量 247170 万 m³/a，实际处理气量 189690 万 m³/a；集气干(支)线 73 条，长度为 516.9km；单井集气管线 102 条，长度为 241.7km。

3)油气长输系统

油气长输系统包括输油首站 1 座，装车末站 1 座、中间站 2 座；原油管线 12 条，总长 410.23km；天然气管线 13 条，总长 340.91km。

4)采出水处理系统

采出水处理系统包括采出水处理站 6 座，设计处理采出水 931 万 m³/a，实际处理采出水 577 万 m³/a，回注采出水 480 万 m³/a，其他用水 97 万 m³/a(扫线、修井洗井)；注水站 15 座，其中碳酸盐岩注水站 5 座，碎屑岩注水站 10 座；注水管线基本实现了干线连东西、支线到单元，共建设注水干线 102.13km，注水支线 282.65km。实现了 3 座联合站注水干支管网的连通，二号联合站成为注水水量调配的中心，能够根据注水生产需要对 3 座联合站的采出水资源灵活调配，适应性较好。

5)公用工程系统

电力系统包括燃气发电厂 3 座(其中发电二厂作为应急备用)，总装机容量 109MW，总发电能力 77MW，110kV 变电站 5 座，35kV 变电站 11 座，各电压等级线路总长 3573km；通信系统建成油田主干光路 233.2km；道路系统建设各类沥青道路 400km。

1.3 塔河油田井流物特性

从 1997 年塔河油田投入开发以来，1～12 区、托甫台区、KZ、AT、YT 及 GP4 等区块陆续投产，目前区块分布如图 1.1 所示。

1)原油物性

原油物性自东向西、自南向北逐渐变稠，原油流动性逐渐变差，20℃原油密度介于 0.753～1.0756g/cm³，30℃原油黏度为 1～40000mm²/s，如表 1.1 所示。其中，塔河油田东部主要为中质油区块，如 1 区、2 区、3 区、5 区、9 区、11 区和塔河油田东部边缘的 KZ1 区、AT11 区等。地面 20℃原油密度为 0.753～0.9193g/cm³，30℃原油黏度为 1～335.24mm²/s，凝固点为 –28～18℃，开口闪点为 24～35℃，初馏点为 87.5℃，含盐 26675mg/L，含硫 0.08%～2.09%(质量分数，余同)，含蜡 0.05%～21.84%，含胶质 31.29%，含沥青质 9.5%。

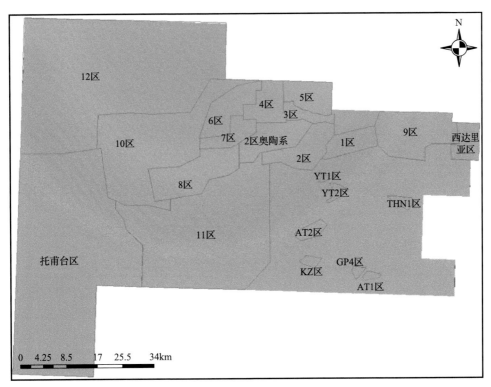

图 1.1　塔河油田区块分布示意图

表 1.1　塔河油田各区块原油物性情况

区块名称	20℃原油密度/(g/cm³)	30℃原油黏度/(mm²/s)	凝固点/℃	含硫/%	含蜡/%
塔河 1 区	0.8800～0.9129	53～123.74	5～7	1.53～1.64	8.42～10.28
塔河 2 区	0.8170～0.8800	19	−3	1.04	1.67
塔河 3 区	0.8262～0.9036	33	5～7		4.2
塔河 4 区	0.923	1838	4	1.58	7.56
塔河 5 区	0.8741	22.58	−26	0.51	7.66
塔河 6 区	0.978	2573	22	2.41	
塔河 7 区	0.9372～0.9856	536～4517	−14.25～9.55	2.48～3.13	1.98～4.88
塔河 8 区	0.8251～1.0093	700～5233		1.87	7.1
塔河 9 区	0.9087～0.9193	112.46～335.24	−20～−4	1.67～2.09	3.99～10.29
塔河 10 区	0.8403～1.0756	100～40000		2.3	7.25
塔河 11 区	0.8577	16.76	−12～6	0.65	12.86
塔河 12 区	0.9950～1.0164		8～60	2.7	4.6
托甫台区	0.8147～0.9647	3.72～1871	−34～−4.0	0.84	10.95
KZ1 区	0.753～0.867	1～19.52	−28～18	0.37～0.83	0.05～21.84
AT2 区	0.8038	3.3	−1.7	0.24	9.72
YT1 区	0.7815	1.6	−32	0.17	1.22

续表

区块名称	20℃原油密度/(g/cm³)	30℃原油黏度/(mm²/s)	凝固点/℃	含硫/%	含蜡/%
YT2 区	0.8513	3.6	−6	0.63	15.26
THN1 区	0.756	1.26	−6	0.05	1.43
GP4 区	0.8501	6.1	12	0.27	6.75～14.44
AT11 区	0.762	1.3	−18	0.06	0.07～5.17
西达里亚区	0.85～0.91	25.74	−14	0.82	2.77

塔河油田中部主要为稠油区块，4 区、6 区、7 区、8 区以重质稠油为主。20℃原油密度为 0.8251～1.0093g/cm³，30℃原油黏度为 536～5233mm²/s，凝固点为−14.25～22℃，开口闪点为 77℃，燃点为 96℃，含硫 1.58%～3.13%，含蜡 1.98%～7.56%，初馏点为 78℃，含胶质 9.84%，含沥青质 17.92%。

塔河油田西北部为超稠油区块，分布在 10 区、12 区。20℃原油密度为 0.8403～1.0756g/cm³，凝固点为 8～60℃，30℃原油黏度为 100～40000mm²/s，高含硫化氢(1.0×10^4～1.5×10^5mg/m³)，高含沥青质(25%～62%)。在井筒 3000m 温度低于 100℃时原油就不具有流动性。

2) 天然气物性

塔河油田伴生气硫化氢含量高达 4.2×10^4mg/m³，同时有机硫含量高达 844mg/m³。典型天然气组分情况详见表 1.2，有机硫的组成如表 1.3 所示，硫化氢分布情况如图 1.2 所示。

表 1.2 塔河油田典型天然气组分表

	含空气	无空气
甲烷(体积分数)/%	84.23	86.10
乙烷(体积分数)/%	2.92	2.98
丙烷(体积分数)/%	1.50	1.53
异丁烷(体积分数)/%	0.15	0.15
正丁烷(体积分数)/%	0.27	0.28
异戊烷(体积分数)/%	0.08	0.08
正戊烷(体积分数)/%	0.08	0.08
2-甲基戊烷(体积分数)/%	0.01	0.01
3-甲基戊烷(体积分数)/%	0.01	0.01
正己烷(体积分数)/%	0.02	0.02
氧气(体积分数)/%	0.06	
二氧化碳(体积分数)/%	0.94	0.96
高热值(101.325kPa、293.15K)/(MJ/m³)		36.06
低热值(101.325kPa、293.15K)/(MJ/m³)		32.56
空气(体积分数)/%	0.28	
相对密度		0.635

表 1.3 塔河油田典型天然气有机硫组成

有机硫名称	有机硫含量/(mg/Nm³*)	各组分占比/%
羰基硫(COS)	0.03	0.0038
甲硫醇(CH₃SH)	637.20	90.3100
乙硫醇(C₂H₅SH)	39.05	5.5352
甲硫醚(CH₃SCH₃)	11.38	1.6123
二硫化碳(CS₂)	0.03	0.0048
异丙硫醇(i-C₃H₇SH)	8.58	1.2166
正丙硫醇(n-C₃H₇SH)	0.03	0.0048
噻吩(C₄H₄S)	0.04	0.0053
乙硫醚(C₂H₅SC₂H₅)	0.04	0.0057
二甲基二硫醚(CH₃SSCH₃)	9.15	1.2966
四氢噻吩(C₄H₈S)	0.04	0.0056
总计	705.57	100.0000

注：由于四舍五入，各组分占比总计存在一定误差。

*Nm³ 指 0℃，一个标准大气压下的气体体积。

图 1.2 塔河油田硫化氢分布示意图

3) 产出水物性

如表 1.4 所示，塔河油田产出水密度为 1.14~1.15g/cm³，油水密度差较大，且具有低 pH(5.5~6.2)、高矿化度(211182~237348mg/L)、高含 Cl⁻(131692~142461mg/L)、高含 Ca²⁺(1.1×10⁴mg/L)和 Mg²⁺(1.0×10³mg/L)的特点，具有较强的腐蚀和结垢倾向。

表 1.4 塔河油田产出水物性

水型	矿化度/(mg/L)	Cl⁻/(mg/L)	Ca²⁺/(mg/L)	Mg²⁺/(mg/L)	密度/(g/cm³)	pH
氯化钙型	211182~237348	131692~142461	1.1×10^4	1.0×10^3	1.14~1.15	5.5~6.2

1.4 塔河油田地面工程面临的挑战及对策

1.4.1 塔河油田地面工程建设面临的挑战

塔河油田油藏流体性质及分布十分复杂,平面上,由东南到西北,油气性质具有凝析气—中质油—重质油变化的特点[2],原油密度为 0.7500~1.017g/cm³,地层水矿化度为 2×10^5~2.3×10^5mg/L,伴生气硫化氢含量为 1.0×10^4~1.5×10^5mg/m³,沥青质为 25%~62%,具有超稠、高含盐、高含硫化氢、高含沥青质等特点。

塔河油田地面工况的特殊性及油、气、水等油藏流体的性质给地面工程的建设带来了一系列的挑战。

(1)稠油黏度高(4×10^4~1.8×10^6mPa·s),凝固点高(8~60℃),在井筒 3000m、温度低于 100℃时原油就不具有流动性,地面条件下更无法输送。

(2)稠油 20℃时,密度为 0.9950~1.017g/cm³,原油密度高,脱水难度大。

(3)稠油中含硫量高,同时天然气中有机硫含量高[3],给原油和天然气脱硫带来极大的困难。

(4)超稠油采出液介质具有高含硫化氢、高含 CO_2、高含 Cl⁻、高矿化度、低 pH 的特点。采出液具有强腐蚀性,内腐蚀环境苛刻,给集输管线安全运行带来了严峻挑战,也给油气集输处理提出了更多、更难、更高的要求。

(5)原油高含硫化氢带来了储罐呼吸阀、开式排污、油气取样、火车外运装车集输处理过程中的硫化氢外泄逸散,给生产带来了极大的安全隐患。

1.4.2 塔河油田地面工程建设形成的关键技术

针对塔河油田油气物性的复杂性,需配套有针对性的集输处理技术,尤其是超稠、高含硫化氢原油在集输、处理及防腐过程中需在技术上不断创新,确保油气进行高效、安全的集输处理。塔河油田分别从工艺、材料、设备等方面展开了一系列技术攻关,通过技术创新,在原油集输、原油处理、天然气处理、油田采出水处理、注氮气开发地面配套、节能及在线检测等领域研发推广了一系列先进实用技术,在油气集输、处理及采出水处理等方面取得了较大的进展,主要形成了以下几方面具有代表性的技术[4]。

(1)稠油掺稀降黏输送技术。

(2)稠油负压气提脱硫与稳定一体化技术。

(3)天然气有机硫脱硫技术。

(4)预氧化水质改性技术。

(5)塔河油田注氮气开发地面配套技术。

(6)太阳能热电一体化综合利用技术。

(7)烟气余热加热原油技术。

(8)原油含水在线检测技术。

(9)氮气在线检测技术。

这一系列具代表性的油田地面工程新技术,攻克了现场生产中的道道技术难关,支撑了油田地面工程核心技术不断进步和发展方式的转变,保障了塔河油田的高效开发。

第2章 塔河油田原油集输新技术及应用

塔河油田开发井分布较分散，井间距较大，单井集输半径平均在 2.0km 左右，部分单井集输半径在 5.0km 以上，接转站到联合站的距离达到 35.0km。基于超稠、高含硫化氢的原油特性及长距离输送的特点，在油气集输过程中，塔河油田开展了稠油地面流动性改善、高含硫化氢稠油安全集输及集输管材防腐等新技术攻关，形成了以稠油掺稀降黏输送技术、耐腐蚀管材集输等为代表的一系列原油集输新技术[5]。

2.1 稠油掺稀降黏输送技术

2.1.1 技术背景

自"十一五"末伊始，塔河油田已获三级石油地质储量 31.1 亿 t，探明原油地质储量 10.3 亿 t，其中稠油储量约 5.7 亿 t，占原油探明储量的 55%。稠油作为西北油田分公司原油产量的主要来源，所占比重越来越大，目前稠油全年产量占比已高达 55%以上。

塔河油田稠油胶质、沥青质及石蜡含量高，具有黏度高、密度大、凝固点高等特点。原油密度一般在 $0.933 \sim 1.078 \mathrm{g/cm^3}$，油层原油黏度为 $24.26 \sim 46.21 \mathrm{mPa \cdot s}$，地面原油黏度达到 $300 \sim 25000 \mathrm{mPa \cdot s}(50℃)$。

目前，国内稠油油田常用的降黏方法主要有加热降黏、加降黏剂降黏等。加热降黏虽然能够利用热能有效降低原油黏度，但能耗较高；加降黏剂降黏虽然也可以有效降低原油黏度，但是存在常规降黏剂降黏效果差，新型药剂降黏成本高、对原油破乳有负面影响等问题[6]。因此，结合塔河油田稠油特点及塔河油田配套的稀油资源，采用稠油掺稀降黏输送技术。

该技术通过室内研究建立掺稀条件下温度场和压力场模型，确定掺稀系统集输工艺参数(掺稀温度、掺稀油密度等)，选择将塔河油田稠油和中质油按一定比例混合作为掺稀用油，从而节约稀油资源，保证了塔河油田掺稀用油的持续供应。同时，配套优化形成了"掺稀油集中动态混配、多级泵对泵输送、高压集中掺稀"等工艺技术，保证了塔河油田稠油经济高效开发。

2.1.2 掺稀降黏原理及工艺

1. 掺稀降黏原理

掺稀降黏输送就是将稠油与一些低黏液态碳氢化合物混合在一起，以混合物的形式降低原油黏度的输送方案[7]。常用的稀释介质：凝析油、含蜡原油、炼油厂中间产品(如石脑油等)及其他轻油。一般当稠油和稀油的黏度指数接近时，混合油黏度的计算方法为

$$\lg\lg\mu_b = x\lg\lg\mu_x + (1-x)\lg\lg\mu_c \tag{2.1}$$

式中，μ_b 为混合油黏度，mPa·s；μ_x 为掺稀油黏度，mPa·s；μ_c 为稠油黏度，mPa·s；x 为掺稀油的质量分数。

按照式(2.1)，可根据稠油的不同特性和当地的稀释剂资源条件及工艺要求，合理选择稀释剂的种类及掺入量。部分油田把稀释剂直接掺入井下，改善井下泵的工作条件，也有油田为了防止井下漏失，直接从井口掺入地面管线，减少管线摩阻，也有油田在脱水器和洗油罐前加入稀释剂，提高脱水质量。

2. 塔河油田掺稀降黏工艺

2009 年前，塔河油田以一号联合站混配稀油为主[8]，并建成一号联合站至 12 区 S99 井区的稀油输送干线，稀油输送能力为 5100t/d，并分别建设支线到掺稀接转站。随着 12 区的开发，稀油用量增大，原有管输能力不能满足开发需求，在采用汽车倒运稀油模式保障生产的同时，通过优化稀油输送系统，2010 年建设三号联合站至 12 区 S99 井区的掺稀油管线，2010 年底完成一号联合站稀油输送管道中间增压混配改造，形成了泵对泵的密闭增压工艺，工程实施后，管输能力提升至 10600t/d。

目前塔河油田以一号联合站、三号联合站为中心，建成了掺稀油集中输送、泵对泵二次密闭增压、稀油到各掺稀站的密闭掺稀输送管网，如图 2.1 所示。该掺稀输送管网可减少汽车倒运稀油量 2500t/d，合计 910000t/a，并有效减少了掺稀油的汽车运输挥发损耗。

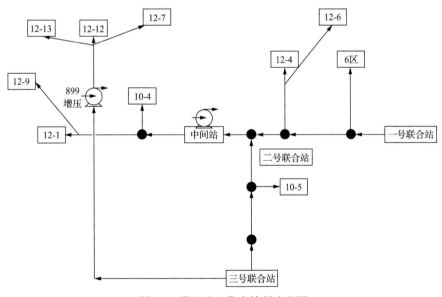

图 2.1　塔河油田集中掺稀流程图

2.1.3　掺稀稀稠比优化方法

1. 常规掺稀稀稠比优化方法——黏度法

国内目前通常用式(2.2)表述掺稀稀稠比与稠油黏度等参数的关系：

$$\lg \lg \mu_b = \frac{x}{1+x} \lg \lg \mu_x + \frac{1}{1+x} \lg \lg \mu_c \qquad (2.2)$$

式(2.2)适用于不含水、温度一定条件下的低黏度稠油掺稀稀稠比确定，未考虑超稠油黏度、油井含水、产量等现场因素的影响。用塔河油田超稠油进行验证，式(2.2)只适用于黏度在 $5 \times 10^4 \text{mPa} \cdot \text{s}$ 以下的稠油掺稀稀稠比的确定，相对误差可控制在10%以内；对黏度在 $5 \times 10^4 \text{mPa} \cdot \text{s}$ 以上的稠油掺稀稀稠比的确定不适用，现场相对误差大于25%。由此可见，式(2.2)不适合塔河油田超稠油掺稀稀稠比的确定。

2. 塔河油田掺稀稀稠比优化方法——密度法

根据原油的胶体体系理论，沥青质以胶体形式悬浮于油相中，胶质组分相当于分散稳定剂，对沥青质起稳定化作用。胶质与沥青质质量比较低是导致碳酸盐岩古岩溶缝洞网络型油藏[9]黏度高的一个主要因素。将稠油井胶质/沥青质及现场掺稀的掺稀稀稠比进行对比分析可知，胶质/沥青质增加，掺稀稀稠比降低，如图2.2所示。

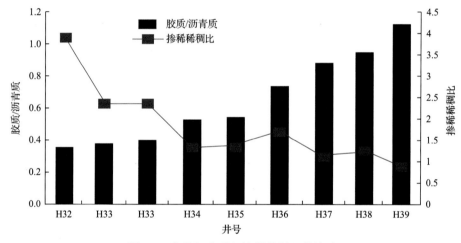

图 2.2　胶质/沥青质与掺稀稀稠比的关系

根据相似相溶原理，在一定范围内，组分越相似，稀油、稠油混合越好[10]。从提高胶质含量有利于沥青质分散的特点出发，使用混配中质油掺稀降黏技术，通过改变掺稀油密度优化掺稀稀稠比。

随着稀油密度的增加，胶质/沥青质含量增加，因此，通过在掺稀油中加入适当混合油可以改善胶质/沥青质值，从而改善掺稀效果。但胶质/沥青质值先增加后减小，密度增加到一定值后，稀油中沥青质增加幅度大于胶质增加幅度，表明掺稀油密度存在最佳点。

如表2.1所示，以塔河油田某一口油井的原油为例，当采用密度法计算最佳掺稀稀稠比时，分别将密度为 0.88g/cm^3 的稀油与密度为 0.94g/cm^3 的外输油按照不同比例配制成密度分别为 0.89g/cm^3、0.90g/cm^3、0.91g/cm^3、0.92g/cm^3、0.93g/cm^3 的中质油，与黏度为 $1.5 \times 10^5 \sim 1.2 \times 10^6 \text{mPa} \cdot \text{s}$ 稠油进行掺稀降黏，确定不同密度稀油与稠油混合后黏

度达到3000mPa·s(50℃)时的掺稀稀稠比。通过混配后中质油量及掺稀稀稠比，可以确定稠油产量理论值。分别以混配油(中质油)密度为横坐标，以混配后中质油总量(简称混配油量)、掺稀稀稠比及稠油产量理论值为纵坐标作图，如图2.3～图2.8所示。

表2.1 不同密度中质油组分分析

中质油密度/(g/cm³)	沥青质/%	饱和烃/%	芳香烃/%	胶质/%	胶质/沥青质
0.89	11.1	51.9	29.3	7.7	0.69
0.90	12.8	48.4	29.6	9.2	0.72
0.91	14.4	46.1	29.7	9.8	0.68
0.92	17.7	42.6	29.6	10.1	0.57
0.93	19.4	39.8	30.6	10.2	0.53

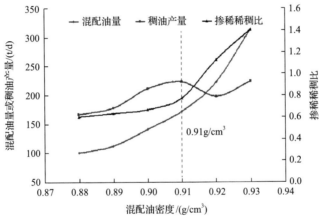

图2.3 1.5×10^5 mPa·s稠油掺稀

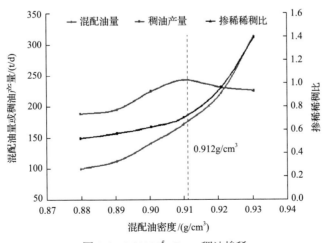

图2.4 3.0×10^5 mPa·s稠油掺稀

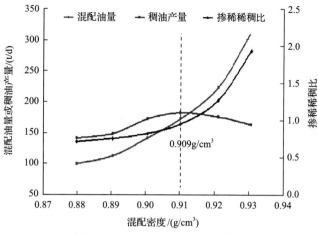

图 2.5　$6.0 \times 10^5 mPa \cdot s$ 稠油掺稀

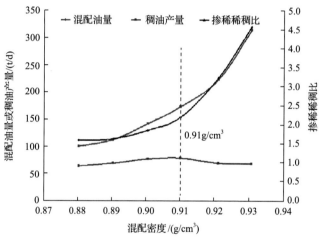

图 2.6　$9.0 \times 10^5 mPa \cdot s$ 稠油掺稀

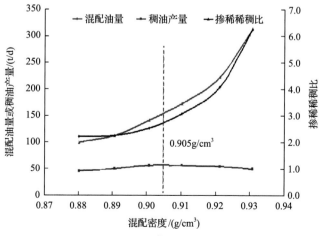

图 2.7　$1.2 \times 10^6 mPa \cdot s$ 稠油掺稀

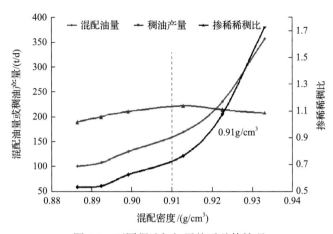

图 2.8　不同稠油加权平均后总体情况

由图 2.3～图 2.8 可以看出，稠油产量理论值曲线具有先增加后降低的趋势，从掺稀效果及经济性考虑，选取稠油产量理论值最大点对应的混配油密度为最佳掺稀油密度值。

随着稠油黏度的增加，掺稀效果变差，稠油黏度越高，最佳掺稀油密度越小，通过将各黏度范围稠油加权平均后，确定最佳掺稀油密度为 0.91g/cm³。

将最佳掺稀油密度为 0.91g/cm³ 左右在塔里木盆地某碳酸盐岩古岩溶缝洞网络型油藏稠油井[11]生产过程中进行推广应用，日增加掺稀量 5400t。

3. 掺稀稀稠比优化方法——三参数快速确定掺稀稀稠比方法

密度法虽然能够确定掺稀稀稠比，但是采用混配后的密度来确定掺稀稀稠比需要根据不同油的参数进行优化，工作量较大。因此，塔河油田提出三参数快速确定掺稀稀稠比方法。该方法的原理如下：根据实际生产情况，要保证油井正常生产，井口外输黏度需控制在一定范围之内，而外输黏度 μ_w 与稠油黏度 μ_c、掺稀油黏度 μ_x 和油井最佳掺稀稀稠比 γ 有关。在稠油井掺稀生产过程中，在外输黏度一定的情况下，掺稀稀稠比是稠油井筒降黏的关键参数，掺稀稀稠比除了与稠油黏度、掺稀油黏度有关外，还与产量 q 和含水率 f 之间存在一定关系，三参数快速确定掺稀稀稠比方法就是在充分考虑现场因素 f、q 的条件下，揭示 γ 与 μ_w、μ_c、μ_x 之间的关系。

通过实验分析，掺稀油黏度与掺稀油密度 ρ_c 呈指数相关，现场通常用掺稀油密度作为掺稀油的主要表征参数，掺稀油密度与黏度的关系如式 (2.3) 所示：

$$\mu_x = 0.00000009e^{23.198\rho_c} \qquad (2.3)$$

确定掺稀油密度与黏度的关系后，在室内考察不同掺稀油密度下、不同稠油黏度范围内的掺稀稀稠比，即掺稀油密度(对应掺稀油黏度)、稠油黏度和掺稀稀稠比之间的关系，得出在满足油田外输能力需求下，油井不含水、井口温度为 50℃条件下的掺稀优化图版。根据现场的掺稀油密度和稠油黏度，即可从图上读出油井掺稀稀稠比，如图 2.9 所示。同时，通过现场油井外输黏度变化分析，得到外输黏度对掺稀稀稠比影响系数 k 的关系曲线，从曲线上可读出外输黏度对掺稀稀稠比影响系数，如图 2.10 所示。

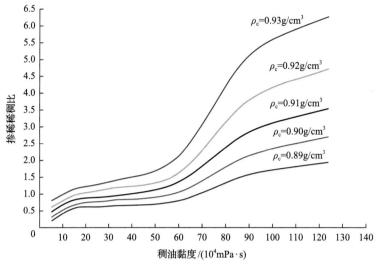

图 2.9　掺稀优化图版

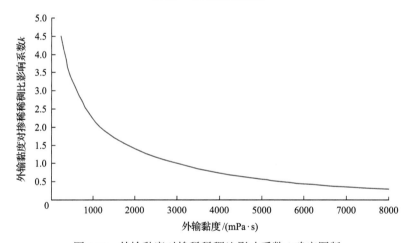

图 2.10　外输黏度对掺稀稀稠比影响系数 k 确定图版

　　由于含水率和产量对掺稀稀稠比存在较大影响，需根据油井产量及含水率对非修正原始掺稀稀稠比进行修正。根据现场统计分析，得到掺稀稀稠比、含水率、含水率修正值、产量修正值、非修正原始掺稀稀稠比之间的关系式，最终形成产量修正图版和含水率修正图版，如图 2.11、图 2.12 所示。

　　掺稀稀稠比与含水率的关系如式(2.4)～式(2.6)所示：

$$\gamma = af^2 + bf + c , \qquad f \leqslant 20\% \qquad (2.4)$$

$$\gamma = ae^{bf} , \qquad 20\% < f \leqslant 70\% \qquad (2.5)$$

$$\gamma = 0 , \qquad f > 70\% \qquad (2.6)$$

式中，γ 为油井最佳掺稀稀稠比；a 为非修正原始掺稀稀稠比；b 为产量修正值；c 为含水率修正值；f 为含水率。

　　当含水率大于 70% 时，形成水包油体系，可停止掺稀。

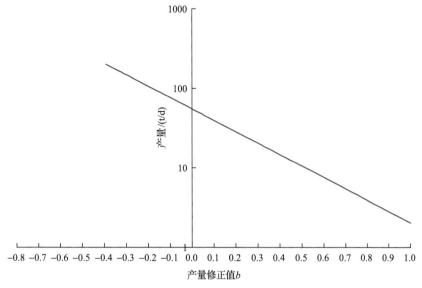

图 2.11　产量修正图版

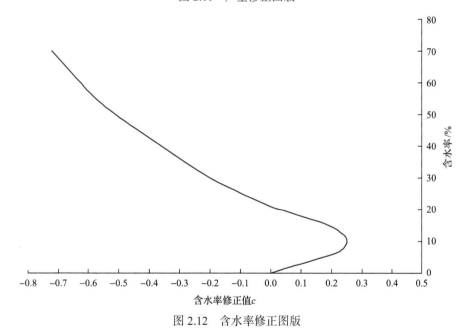

图 2.12　含水率修正图版

掺稀稀稠比与产量 q 的关系如式 (2.7) 所示：

$$\gamma = a\ln q + b, \quad q < 0 \tag{2.7}$$

使用方法如下。

　　(1) 根据油井稠油黏度和掺稀油密度在"掺稀优化图版"上读出非修正原始掺稀稀稠

比 a。

（2）根据油田外输黏度，在"外输黏度对掺稀稀稠比影响系数 k 确定图版"上读出外输黏度对掺稀稀稠比影响系数 k。

（3）将 a、k 相乘得到非修正掺稀稀稠比 γ_f。

（4）根据油井产量从"产量修正图版"上读出产量修正值 b。

（5）根据油井含水率从"含水率修正图版"上读出含水率修正值 c。

（6）读出以上数值后，将非修正原始掺稀稀稠比与产量修正值、含水率修正值进行算术相加，即可得到油井最佳掺稀稀稠比 γ，如式（2.8）所示：

$$\gamma = ka + b + c \tag{2.8}$$

塔河油田采用上述三参数快速确定掺稀稀稠比方法，可得到最佳降黏效果的稀油掺稀稀稠比、掺入温度及掺入密度等。

4. 稠油掺稀优化软件及掺稀工艺优化

鉴于井筒掺稀降黏工艺掺稀稀稠比确定比较复杂，提出根据掺稀优化图版确定掺稀稀稠比的方法，但该方法的计算过程比较复杂，且存在误差，造成其工程应用非常不方便，因此，依据三参数掺稀图版和掺稀修正图版研制掺稀优化软件，较好解决掺稀实际应用问题，为现场掺稀降黏工艺提供参考。

稠油掺稀优化软件采用 Visual Basic 编制而成，主要功能模块包括数据录入及修改、数据处理模、结果输出等模块，软件界面如图 2.13 所示。

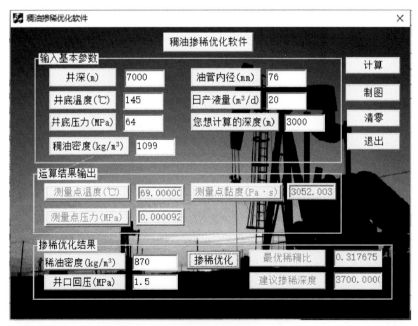

图 2.13　稠油掺稀优化软件计算界面

掺稀工艺优化案例：选取现场 8 口掺稀井，对其生产报表进行分析计算，通过掺稀井井筒压力场和温度场软件计算，输入稠油黏度等参数后，从混合油井口黏度和稠油顺利举升至井口（油压≥1.5MPa，50℃混合油黏度为 2000mPa·s）方面，优化设计了掺稀井工艺参数，为稠油掺稀方案优化设计提供了理论基础，如表 2.2 所示。

表 2.2　现场 8 口油井掺稀优化方案

井号	现场掺稀深度/m	现场井口黏度/(mPa·s)	现场掺稀稀稠比	软件计算掺稀深度/m	建议掺稀稀稠比(50℃混合油黏度为 2000mPa·s)		
					稀油黏度为 80mPa·s	稀油黏度为 150mPa·s	稀油黏度为 200mPa·s
H40	5498	1380	2∶1	4600	0.95∶1	1.25∶1	1.45∶1
H41	5806	1420	2∶1	4300	0.73∶1	0.97∶1	1.12∶1
H42	3123	1320	2∶1	3100	0.83∶1	1.10∶1	1.27∶1
H43	5004	1080	1.5∶1	3900	0.26∶1	0.35∶1	0.40∶1
H44	5819	440	2.5∶1	3500	0.30∶1	0.40∶1	0.46∶1
H45	3802	1360	2∶1	3600	0.86∶1	1.14∶1	1.32∶1
H46	2217	1852	1.3∶1	2000	0.28∶1	0.37∶1	0.42∶1
H47	2318	7082	1.6∶1	2100	0.31∶1	0.40∶1	0.46∶1

从表 2.2 可以看出，通过软件计算的 8 口掺稀井建议掺稀稀稠比和掺稀深度均低于现场实际参数。

2.1.4　地面一体化掺稀模式

塔河油田形成了"以联合站为混配中心、计量接转站为主战场、掺稀油管网全面覆盖"井筒地面一体化掺稀油模式[12]，建成了国内最大规模的百万吨级"中重质油联合站动态混配、中压管网输送泵对泵长距离中压输送、掺稀井高压流量自控"的混、输、掺集中掺稀工艺系统。

1. 联合站动态混配技术

为了填补塔河油田掺稀油缺口，塔河油田创新提出联合站动态混配技术，将塔河油田一号联合站、三号联合站工艺进行改造调整，用于对掺稀用中质油进行混配。

将塔河油田一号联合站 120 万 t/a 的中质油与 150 万 t/a 的重质原油在原油稳定装置进口处混合，混合后的中质油再与塔库首站返输的 0.947g/cm³ 的稠油进行混配。

塔河油田三号联合站主要稠油处理规模为 180 万 t/a，稀油处理规模为 50 万 t/a（综合含水率 10%），接转站稀油与脱水泵出口稠油在稀油三相分离器进行混配继而进入稀油储罐，稀油在稀油储罐内进行脱水处理，与此同时合格的稀油经稀油外输泵外输至稠油区块掺稀。

2. 中压管网输送泵对泵长距离中压输送工艺

目前，塔河油田稠油开采所需掺稀油主要由一号联合站、三号联合站供给，输送半径约 50km，需要进行中间增压以满足后段各站稀油进站的要求，如果采用传统的旁接油罐增压流程势必增加工程投资[13]。为降低工程投资，根据多级离心泵特性进行了长距离的"泵对泵"密闭输送工艺技术尝试，简化了工艺配套设施，大幅度降低了工程投资，取得了良好的使用效果。

3. 掺稀井高压流量自控技术

高压集中掺稀对塔河油田稠油降黏集输起着举足轻重的作用，一般在接转掺稀站使用 5 个柱塞的高压掺稀泵，将稀油压力增至 15.0MPa 以上，输至井口进行集中掺稀。

1）接转掺稀站掺稀流程

从联合站来的掺稀油进入接转掺稀站稀油储罐，对所辖单井进行掺稀。所辖单井产出液经井口加热炉加热后，返输至接转掺稀站计量后混输至联合站集中处理，如图 2.14 所示。

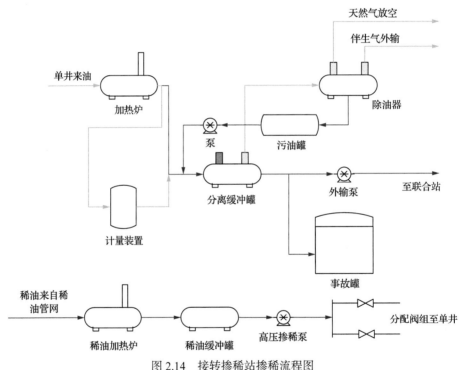

图 2.14　接转掺稀站掺稀流程图

2）高压集中掺稀特点

高压集中掺稀工艺在塔河油田广泛应用并取得了极大的成功，为塔河油田稠油降黏集输工艺奠定了基础。通过现场应用，发现高压集中掺稀工艺具有以下特点。

（1）接转掺稀站对所辖单井进行高压集中掺稀，同时为计量混输泵站提供稀油，并在计量混输泵站设置单井掺稀流程，扩大了集输半径[14]。

（2）接转掺稀站掺稀阀组设置高压流量自控仪，准确监控流入单井掺稀量，能够根据流入单井掺稀量及时调整采出液处理能力，对塔河油田稀油需求量提供较为可靠的数据。

（3）接转掺稀站通过掺稀阀组对单井进行集中掺稀，统一分配稀油量，有效地管理了稀油用量；同时促进了塔河油田接转掺稀站高智能、高效运作模式的发展。

3）高压集中掺稀优点

随着塔河油田高压集中掺稀系统的不断完善，高压集中掺稀的效果得以凸显。经过分析论证及现场应用，得出高压集中掺稀具有以下优点。

（1）接转掺稀站稀油实现集中管输，大大提高了输送效率并降低了拉运成本。

（2）减少了单井操作人员，降低了人工成本。

（3）接转掺稀站掺稀阀组设置高压流量自控仪，实现了单井掺稀计量与流量调节一体化，并能够精确检测和自动调控流量。

（4）在接转掺稀站设置高压集中掺稀系统，实现了塔河油田站场功能合建，极大地节约了投资。

4）高压流量自控仪

塔河油田在掺稀阀组处设置高压流量自控仪，实现了单井掺稀计量与流量调节一体化，并能够精确检测和自动调控流量，确保了油田原油生产连续平稳运行，同时又节约了大量的人力，为原油生产精细化管理提供了有力保障。

塔河油田引进高压流量自控仪后，通过技术手段对其进行改造，逐步使其性能满足油田高压掺稀计量和流量调节的需求，既能在现场显示瞬时流量和累积流量，还能输出脉冲流量信号，方便远程流量监测与控制，而且操作简单，数据直观，也能通过手动实时调整流量大小以达到恒定流量的工艺要求。

2.1.5　现场应用

截至 2018 年底，已实现对塔河油田 474 口稠油井的掺稀开采，累计混配稀油 2240 万 t，产出超稠原油 3276 万 t。该工艺系统的成功应用解决了塔河油田稠油集输困难的问题，有力地推动了塔河油田增储上产的步伐。

2.2　集输新管材及应用

2.2.1　技术背景

塔河原油中 H_2S 含量较高，油田设备腐蚀以 H_2S 腐蚀为主，单井管线设计压力为 4.0MPa，运行压力为 0.3～1.5MPa，经计算单井集输管线 H_2S 分压值为 0.000005～0.008MPa。依据《天然气地面设施抗硫化物应力开裂和应力腐蚀开裂金属材料技术规范》（SY/T 0599—2018），腐蚀环境属于应力腐蚀开裂（SCC）0 区、1 区和 2 区，集输系统 H_2S 分压超过 0.0003MPa 的临界值，存在一定的硫化物应力开裂风险[15]。

油田采出液具有高 CO_2、高 H_2S、高 Cl^-、高矿化度、高含 H_2O、低 pH 的"五高一低"强腐蚀特点[16]。腐蚀形貌表现为"点孔洞状腐蚀、串状连续发育点腐蚀、沟槽状腐蚀、溃疡状腐蚀"四种，如图 2.15 所示。从穿孔的形状看，呈现圆形或椭圆形，外小内大，呈外八字形，说明腐蚀是从内向外开始的。失效管线统计资料表明：塔河油田以 CO_2-H_2S-H_2O-Cl^--O_2 体系环境下的电化学腐蚀点孔洞状腐蚀和串状连续发育点腐蚀形貌为主，腐蚀监测平均腐蚀速率为 0.0123mm/a，平均点蚀速率为 0.1919mm/a。

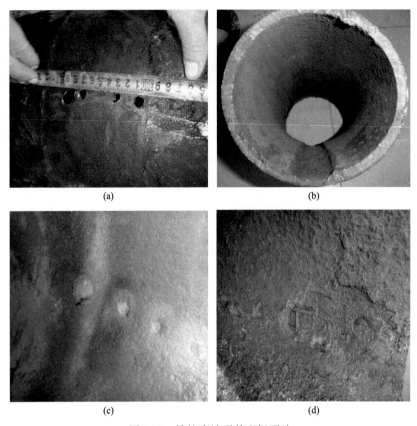

图 2.15　管柱腐蚀形貌现场照片

为解决 H_2S-CO_2-Cl^- 共存环境体系中地面管线腐蚀问题，塔河油田从设计源头开展材质防护，根据不同腐蚀环境、不同工况条件，有针对性地选用耐腐蚀可行、经济合理的耐腐蚀合金管材与非金属管材，有效提升材质防护能力，降低管道腐蚀风险。

2.2.2　耐腐蚀金属管材

1. 825 双金属复合管

在《石油天然气工业　在石油和天然气生产中用于硫化氢环境的材料　第 3 部分：耐蚀合金和其他合金》［*Petroleum and natural gas industries-Materials for use in H2S-containing environments in oil and gas production-Part 3: Cracking-resistant CRAs (corrosion-resistant alloys) and other alloys*］（DIN EN ISO 15156-3—2015）中，列出的镍基合金系列、钴基合金系列和钛合金系列不仅有良好抗硫化物应力腐蚀开裂性能，还有优良的耐电化学腐蚀及硫元素腐蚀的性能。此类材料为耐腐蚀的高合金材料，一般不需要配合其他防腐蚀措施，可以直接使用，使用寿命较长，但价格非常高，不宜大范围使用。其中以镍基合金的应用较为广泛，其价格相对其他两种较便宜[17]。

《石油天然气工业　在石油和天然气生产中用于硫化氢环境的材料　第 3 部分：耐蚀合金和其他合金》(DIN EN ISO 15156-3—2015)规定：镍基(Ni)合金在温度小于 149℃时能够用于任何 H_2S 分压、Cl^- 浓度及 pH 环境。在石油天然气开采过程中，镍基(Ni)合金经常被用于一些服役条件极其苛刻的关键部位，以增加油套管、集输管线的使用寿命，减少不必要的经济损失。

825 合金是一种固溶强化镍基(Ni)合金[18]。与一般不锈钢及其他耐蚀金属、非金属材料相比，镍基(Ni)耐蚀合金在各种腐蚀环境(包括电化学腐蚀和化学腐蚀)中具有耐各种形式腐蚀破坏(包括全面腐蚀、局部腐蚀)的能力，并且兼具良好的力学性能和加工性能，其综合耐蚀性能远比不锈钢和其他耐蚀金属材料优良，尤其适用于现代工业技术下苛刻的富含 Cl^- 介质环境。825 合金化学成分见表 2.3。

表 2.3　825 合金化学成分　　　　　(单位：%，质量分数)

牌号	元素组成及含量								
	C	Mn	P	S	Si	Ni	Cr	Mo	Cu
825	≤0.050	≤1.00	≤0.030	≤0.030	≤0.5	38.0～46.0	19.5～23.5	2.5～3.5	1.5～3.0

在塔河油田 9 区地面工况条件下，H_2S 含量为 1200mg/L、CO_2 含量为 1.5%、地层水矿化度为 $2.03×10^5$mg/L、Cl^- 含量为 $1.25×10^5$mg/L，经测试 825 合金具有优异的耐腐蚀性能。

镍基(Ni)合金 825 钢管制造工艺成熟，产品制造质量可靠性高，焊接工艺简单、成熟，焊接质量可靠，耐腐蚀性能好，不需要添加缓蚀剂，但非常昂贵。内衬镍基(Ni)合金 825 双金属复合管制造工艺及现场施工较复杂，受产品特点限制，不宜现场开孔焊接支管，但成本相对镍基(Ni)合金纯材低[19]。

中国石油集团石油管工程技术研究院依据相关标准对国内某厂家生产的 $\Phi82.5×(4.5+1)$mm(20#+825)双金属复合管进行了检测，检测内容包括管线外径、管端壁厚、直度、内覆层化学成分(表 2.4)、晶间腐蚀、高温高压腐蚀、基管化学成分(表 2.5)、金相组织、纵向拉伸、纵向冲击、抗氢致开裂、抗硫化物应力开裂、双金属复合管压扁试验、黏结强度、无损检测、水压试验等，并参照《内覆或衬里耐腐蚀合金复合钢管》(SY/T 6623—2018)标准对 $\Phi82.5×(4.5+1)$mm(20#+825)双金属复合管衬管晶间腐蚀性能、双金属复合管压扁试验性能、无损检测和水压试验性能进行了测试，检测结果均符合标准要求。

表 2.4　825 内覆层化学成分及含量　　　　　(单位：%，质量分数)

C	Si	Mn	Mo	Cr	Ni	Cu	Ti	Al	Fe
0.02	0.54	0.68	2.57	22.44	39.1	1.78	0.81	0.08	32.63

表 2.5　基管化学成分及含量　　　　　(单位：%，质量分数)

C	Si	Mn	P	S	Cr	Ni	Cu
0.19	0.22	0.5	0.02	0.0062	0.017	0.0037	0.005

综合分析比较，从降低运行成本、减小管理难度方面考虑，根据塔河油田 9 区奥陶

系凝析气藏腐蚀环境和生产工艺特点，选用内衬镍基(Ni)合金825双金属复合管。

2. 20#+316L 双金属复合管

20#+316L 双金属复合管由于属于机械复合产品，对焊接质量要求高，对焊接过程控制要求高，焊接难度较大，易产生缺陷，一次焊接合格率比普通管线钢低。焊接方法采用钨极惰性气体保护焊(GTAW)+气体保护金属极电弧焊(SMAW)。316L 双金属复合管在 80℃、CO_2分压、0.1MPa 条件下表现出了良好的抗腐蚀性能，试验结果显示存在轻微腐蚀现象。

20#+316L 双金属复合管由外层基管与内衬管经特殊工艺复合而成[20]，内衬管采用薄壁耐蚀合金材料316L，以保证良好的耐腐蚀性能；基管采用碳钢，以保证优异的机械力学性能；20#+316L 双金属复合管结合了基管的高强度和内衬管的耐蚀性两大优点，较其他管道材质具有一定的优越性；20#+316L 金属复合管在塔里木油田 CO_2 腐蚀环境气田地面集输系统中已成功应用[21]，在西北油田分公司 YK5H 井 20#+316L 双金属复合管集气管段运行也表现出了较 16Mn 管材优良的抗腐蚀性能。

因此，在雅克拉高压集输管线应用 20#+316L 双金属复合管 3 条，共 4.5km，目前运行超过 5 年时间，未出现失效问题，应用效果良好。

2.2.3 非金属复合管

非金属复合管按其制造材质的成型工艺特点可划分成热固性非金属管和热塑性非金属管[22]。热固性非金属管是以热固性树脂为基体，以高强玻璃纤维为增强材料的复合管道。热塑性非金属管是以热塑性树脂为基体，以钢丝或纤维丝为增强材料的复合管道。非金属复合管主要产品包括玻璃钢管、塑料合金复合管、钢骨架增强聚乙烯复合管、聚烯烃内衬管、柔性连续复合管等，其特点与外形如表 2.6 和图 2.16 所示。

1. 聚烯烃内衬管

碳钢管在油气田项目中应用普遍，可保证优异的机械力学性能，焊接施工技术成熟，适用于气候恶劣、人烟稀少、地质地貌条件极其复杂的地区建设。同时，为增加金属管线的防腐蚀性能，采用碳钢管加内衬技术，使管道运行经济、安全。聚烯烃内衬管技术是借鉴聚乙烯(PE)内穿插修复技术，将非金属内穿插修复延伸应用于新建金属管线内防腐中，如图 2.17 所示，这种管材是将原金属管线的机械力学性能和内衬管的防腐性能合二为一的一种"管中管"复合结构，可达到防腐修复的目的[23]。

表 2.6 非金属管线产品种类

		热固性非金属管		热塑性非金属管			
		玻璃钢管	塑料合金复合管	钢骨架增强聚乙烯复合管	聚烯烃内衬管	钢带增强柔性连续复合管	纤维增强柔性连续复合管
应用环境	压力/MPa	0.1~6.86 3.45~34.5	≤4	≤2.5	≤4.0	≤25	≤25
	温度/℃	≤65/85	≤65	≤60	≤75	≤65/75	≤65/75/85
	介质	油、气、水	油、气、水	水	油、水	油、气、水	油、气、水
	连接	糊口、承插、螺纹	钢制活接头	电熔	电熔	内胀外扣接头	扣压接头

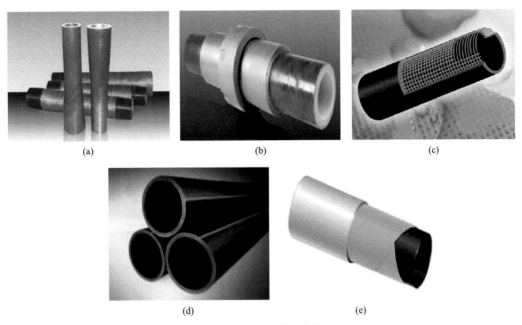

(a)　　　　　　　　　　　(b)　　　　　　　　　　(c)

(d)　　　　　　　　　　(e)

图 2.16　非金属复合管

(a)玻璃钢管；(b)塑料合金复合管；(c)钢骨架增强聚乙烯复合管；(d)聚烯烃内衬管；(e)柔性连续复合管

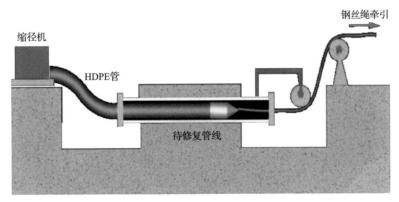

图 2.17　聚烯烃内衬管示意图

HDPE-高密度聚乙烯

耐高温聚烯烃(HT-PO)是一种采用特殊的分子设计和合成工艺生产的中密度聚乙烯，它采用乙烯和辛烯共聚的方法，通过控制侧链的数量和分布得到独特的分子结构，来提高聚乙烯的耐热性[24]。改性后的聚烯烃合金拉伸强度为 22MPa，具有机械强度高、热性能好、耐老化的特点。与常用的 HDPE 管材适用温度 60℃以下相比，HT-PO 管材适用温度达到 75℃，HT-PO 内衬用材料的主要物理性能参数见表 2.7。

目前油田金属集输管道腐蚀防护与治理中累计应用 HT-PO 内衬管 554 条，共 1489km，有效降低了金属管道的腐蚀穿孔风险，应用效果优良。

表 2.7　HT-PO 内衬用材料的主要物理性能参数

序号	项目	性能要求	检测方法
1	密度(基础树脂)/(g/cm³)	≥0.950	《塑料 非泡沫塑料密度的测定 第 1 部分：浸渍法、液体比重瓶法和滴定法》(GB/T 1033.1—2008)
2	熔体质量流动速率/(g/min)	0.03 0.2~0.5	《塑料 热塑性塑料熔体质量流动速率(MFR)和熔体体积流动速率(MVR)的测定 第 1 部分：标准方法》(GB/T 3682.1—2018)
3	屈服强度/MPa	>22	《塑料拉伸性能试验方法》(GB/T 1040—1992)
4	断裂强度/MPa	>30	《塑料拉伸性能试验方法》(GB/T 1040—1992)
5	断裂伸长率(原料)/% 断裂伸长率(管材)/%	>600 >350	《塑料拉伸性能试验方法》(GB/T 1040—1992)
6	炭黑含量(质量)/%	2.0~2.5	《聚乙烯管材和管件炭黑含量的测定(热失重法)》(GB/T 13021—1991)
7	氧化诱导时间(200℃)/min	>20	《聚乙烯管材与管件热稳定性试验方法》(GB/T 17391—1998)
8	熔体质量流动速率(190℃，5kg)/(g/10min)	与产品标称值的偏差不应超过±20%	《塑料 热塑性塑料熔体质量流动速率(MFR)和熔体体积流动速率(MVR)的测定 第 1 部分：标准方法》(GB/T 3682.1—2018)
9	最小要求强度(MRS)	≥10.0	《塑料管道系统 用外推法确定热塑性塑料材料以管材形式的长期静液压强度》(GB/T 18252—2020)
10	耐慢速裂纹增长/h	>165	《流体输送用聚烯烃管材 耐裂纹扩展的测定 慢速裂纹增长的试验方法(切口试验)》(GB/T 18476—2019)
11	维卡软化温度(管材)/℃	>124	《热塑性塑料维卡软化温度(VST)的测定》(GB/T 1633—2000)

2. 玻璃钢管

玻璃钢管属于热固性非金属管产品，它是以热固性树脂为基体、玻璃纤维为增强材料的玻璃钢管，具有耐腐蚀、低摩阻、低导热等一系列优点，连接方式以承插连接、螺纹连接和胶结连接为主。在油气田采出水处理站内，注水支干线、3 区、4 区、9 区、10 区原油外输等管线中应用，有效降低了金属管频发的腐蚀穿孔问题，提高了管线腐蚀防护能力。累计应用 269.7km。

酸酐固化低压玻璃钢管目前执行《低压玻璃纤维管线管和管件》(SY/T 6266—2004)的标准，能够适应 65℃及以下环境，在油田现场可以输送含油采出水等介质，应用于 9-2 计转站和 10-6 计转站的外输油管线；芳胺固化高压玻璃钢管目前执行《高压玻璃纤维管线管》(SY/T 6267—2018)的标准，能够适用 85℃及以下环境，在油田现场可以输送含油采出水、原油和天然气等介质，应用于 YK6 单井管线。

为保障高温高压集气管线安全正常运行，采用以下几种方式对芳胺固化高压玻璃钢管的性能进行优化，实现管线耐冲刷腐蚀和防静电性能的结合[25]。

1)固化剂优选、连接方式优化

对于玻璃钢管，根据其固化类型分为酸酐固化环氧管和芳胺固化环氧管，雅克拉气田 YK5H、YK7CH 集气管线更换为 Ameron 的芳胺固化环氧管,其耐温性好,达到 90℃。非金属之间采用承插连接,非金属与金属之间用范斯通转换法兰连接,提高了管线的连接可靠性。

2)选用 0.5mm 厚富含环氧树脂内衬层

冲击流(段塞流)会产生较高的内在紊流,高速紊流会造成管壁出现很高的剪切应力,在流动和剪切的共同作用下,管壁表面膜损坏剥落,加剧了冲蚀效应,出现流动腐蚀,使腐蚀速率显著增大,其腐蚀形貌为管壁上形成较深的沟槽。玻璃钢管线内 0.5mm 厚的富含环氧树脂内衬层能够有效克服管线内壁严重的冲刷腐蚀。

3)炭黑与玻璃纤维缠绕管材消除静电腐蚀

气液流动会产生静电。受非金属管线不良导体制约,流动中所产生的静电荷很难及时泄漏到大地,大部分静电荷随气液流动而聚集在非金属管线内,当非金属管线上的静电荷积聚到一定量时会在金属管线上传导释放,当金属管线外防腐层有破损点时,形成端点放电,电流流出点腐蚀穿孔,若金属管线外防腐层没有破损,静电荷分布在金属管壁上构成静电磁场环境,影响材料的氧化还原电位,使其腐蚀速率加大,造成管线薄弱处腐蚀进程加剧。

玻璃钢的基体中加入了导电性填料"炭黑",使玻璃钢管线避免了集输过程中摩擦产生的静电积累,从而消除静电腐蚀。另外为防止静电荷向金属管线传导,在玻璃钢管线与金属管线连接处安装了绝缘短节。

3. 钢骨架增强聚乙烯复合管

钢骨架增强聚乙烯复合管是以高密度聚乙烯为基体,用钢丝缠绕网作为聚乙烯塑料管的骨架增强体,采用改性黏结树脂将钢丝骨架与内、外层高密度聚乙烯黏接在一起的复合管。其在塔河油田累计应用 224.8km。

钢骨架增强聚乙烯复合管针对现场不同的管径其压力等级也不相同,通常管径为 DN100(指公称直径为 100mm)的承压 4.0MPa,管径为 DN350 的承压 4.0MPa,管径大于 DN400 的承压 1.6MPa。该管材适用于 60℃及以下环境,在油田现场通常用来输送淡水及含油采出水等介质。

4. 柔性连续复合管

柔性连续复合管是一种热塑性非金属管材,具有机械强度高、韧性好、耐腐蚀性强、抗结垢性优、单根长度大于 150m、施工便捷的特点,目前已在各大油田得到了广泛的应用[26]。塔河油田 2012 年率先在 TK1115 井区单井集油管线开始规模化应用,随后在塔河 2 区、5 区、8 区、9 区、10 区、跃进区块单井集油管线和注水管线推广应用,以单井集输管线为主,其次是注水管线,管线口径为 DN75～DN150、压力为 4.0～16.0MPa、温度为 60～75℃,运行至今效果良好。

目前应用的柔性连续复合管主要有两类:以纤维作为增强材料的柔性连续复合管(简称纤维增强柔性连续复合管)和以钢带作为增强材料的柔性连续复合管(简称钢带增强柔

性连续复合管）。

以纤维增强作为增强材料的柔性连续复合管执行《石油天然气工业用非金属复合管 第 2 部分：柔性复合高压输送管》(SY/T 6662.2—2020)标准，管材三层结构：传输层采用聚乙烯、交联聚乙烯、聚偏氟乙烯等，增强层为在聚合物内衬层上编织或缠绕涤纶工业长丝、芳纶长丝、超高分子量聚乙烯长丝等，防护层采用聚乙烯树脂。扣压接头通常采用环氧粉末静电喷涂或聚四氟乙烯防腐，管间采用螺纹连接。该管材适应于油气田油气集输、注水和采出水处理等领域，目前纤维增强柔性连续复合管在顺北油气田应用达 42.9km。

以钢带作为增强材料的柔性连续复合管执行《石油天然气工业用非金属复合管 第 4 部分：钢骨架增强热塑性塑料复合连续管及接头》(SY/T 6662.4—2014)标准，管材三层结构：传输层采用聚乙烯、交联聚乙烯、聚偏氟乙烯等，增强层采用高强度镀铜或镀锌钢丝、镀锌或涂漆钢带，防护层采用聚乙烯树脂。内胀外扣接头可采用钛合金材质或采用碳钢涂覆环氧粉末静电喷涂或聚四氟乙烯防腐，管间采用螺纹连接。该管材适应于 H_2S 分压小于 0.3kPa 的酸性环境的油气集输、注水和采出水处理等领域。根据管线服役环境水力热力计算结果，若需要保温层，保温层采用闭孔发泡交联聚乙烯，统一在管材出厂前制造完成。钢带增强柔性连续复合管在 TK1115、TP、跃进等区块应用超过 323.1km。

从整体应用情况看，柔性连续复合管可有效解决腐蚀问题，同时保证了管线长期安全有效生产，其现场施工如图 2.18 所示。

(a)   (b)

图 2.18 柔性连续复合管现场施工图

2.2.4 现场应用

塔河油田天然气集输[27]常规工况金属选材以 20#、20G、L245 为主，配套缓蚀剂防护工艺，高 CO_2 工况选用 20#+316L，高 H_2S 工况选用 20#+825；非金属选材以高压玻璃钢管、高压天然气环境柔性连续复合管（纤维增强）为主。

塔河油田双金属复合管共计应用 50.4km，占集输管道总用量的 0.3%，规格为 DN80～DN150，压力为 120～250MPa。其中 825 双金属复合管应用 38.1km，主要集中在 9 区奥陶系单井集气管线，316L 双金属复合管应用 12.3km，主要集中在雅克拉单井集气管线。柔性复合管 2014 年陆续投产至今，运行良好。

塔河油田非金属复合管材共计应用 3105.3km，占集输管道敷设总长度 15505km 的 20%，其中聚烯烃内衬管累计应用 2189km，占集输管道敷设总长度的 14.1%，主要集中在单井集油管线，规格为 DN80～DN200，压力为 4.0MPa，如图 2.19 所示。2010 年陆续投产至今，运行良好，降低工程建设费用 30%，节约投资费用约 2 亿元，延长管道使用寿命 15 年。

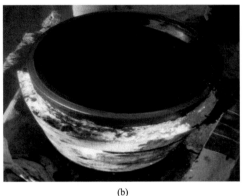

(a)　　　　　　　　　　　　　　(b)

图 2.19　聚烯烃内衬管现场作业施工图

玻璃钢管材共计应用 364.4km，占集输管道总用量的 2.4%，主要集中在注水管线，规格为 DN80～DN300，压力为 1.6～25MPa，2009 年陆续投产至今运行良好；钢骨架增强聚乙烯复合管应用 318.3km，占集输管道总用量的 2.1%，主要集中在注水干线，规格为 DN150～DN250，压力为 1.6～2.5MPa，2004 年陆续投产至今运行良好；柔性连续复合管应用 233.6km，占集输管道总用量的 1.51%，主要集中在单井油气集输管线，规格为 DN50～DN200，压力为 4.0～25MPa，2012 年陆续投产至今运行良好。

双金属复合管与非金属复合管材的应用有效提升了油气田地面集输管线的耐蚀性能，2013 年以来油气田腐蚀穿孔数连续快速下降，降幅超过 15%，为油气田安全环保高效生产做出显著贡献[28]。

综上所述，根据油田各区块油品物性特征科学优选管线材质，积累经验的同时跟踪新型管线材质的发展，同时立项开展实验应用新型管材，为高效实施地面工程夯实了基础。

2.3　自动选井计量技术

2.3.1　技术背景

由于塔河油田单井分布较分散，井距较长，多采用二级布站(单井—计量站/计转站—联合站)或三级布站(单井—计量站—接转站—联合站)，三级布站模式下，若采用传统的计量站布置，则需要新建的设备多，占地面积大，投资高，管理点多，需要有人值守。

为了实现地面集输工艺布站的优化，节约用地，提高稠油生产自动化水平，塔河油田采用了自动选井计量技术，极大地优化了建设流程。

2.3.2 结构及原理

1. 结构组成

如图 2.20 所示，撬装计量阀组由选井分配器、多管束旋流分离器、气体流量计、液体流量计、液位计、电动三通调节阀组成。

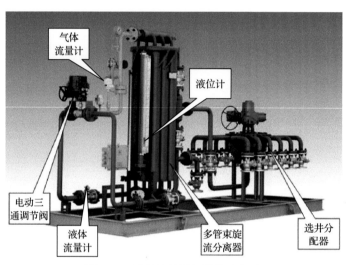

图 2.20 撬装计量阀组结构示意图

2. 技术原理

气液两相经过可抽动式滤芯过滤器、多管束旋流分离器进行旋流分离，液相经底部通过液体流量计测量，气相部分以纯气相或含液气相经顶部流出，采用孔板差压噪声法对气相、液相进行测量，大大提高了液相流量精度。气液两相流通过孔板时，在孔板两侧中存在着差压脉冲，这种脉冲是两相流流动的固有特性，与两相流的含气率密切相关。应用一块标准节流孔板配以差压变送器、压力变送器、温度变送器，根据差压测量平均值及其方差，可分别计算出气液流量。多管束旋流分离器上装有液位变送器，通过另一专利技术的电动三通调节阀来调节多管束旋流分离器中的液位，液相和气相在电动三通调节阀处汇合流出装置。

撬装计量阀组适用于距离接转站、联合站比较远且相对集中的单井。其集输流程如图 2.21 所示。

2.3.3 现场应用

截至 2018 年 12 月，撬装计量阀组已在塔河油田应用 67 套。生产实际应用表明，该阀组具有无人值守、自动选井计量、自动化程度高等优点，各项指标都达到了生产管理要求。同时，其还具有占地面积小、有利于优化平面布局(图 2.22)、减少征地费用的优点；撬装化设计简化了采购环节，便于安装施工，有利于缩短建设周期。

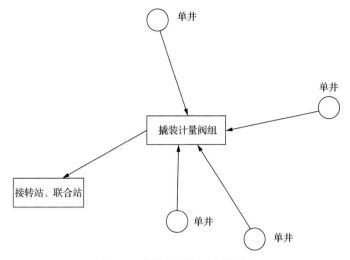

图 2.21 撬装计量阀组集输流程

(a)   (b)

图 2.22 无人值守撬装计量阀组站

2.4 自动装车量油一体化技术

2.4.1 技术背景

塔河油田边远油井原油采用常规原油罐车外运流程,该流程主要由高架罐、生产分离器、计量分离器、水套炉、放空火炬、热水循环泵通过管路连接组成。油井来液经过分离器进行油气分离后加热进入高架罐储存,经装车泵装车后外运。该流程虽能够满足边远区块原油生产的需要,但是存在以下问题:一是配套设备数量多、占地面积大、流程安装复杂、施工烦琐、可重复利用率较低;二是原油装车拉运必须设有专人操作,工人操作过程中存在一定的安全隐患;三是高架罐为常压容器,油井密闭生产及卸油时极易产生正压或负压,导致鼓罐或瘪罐;四是液位计误差较大,操作工人需要经常打开高架罐罐口用量油检尺核实液位,该过程增加了人员高处坠落及硫化氢逸散的风险;五是高架罐达不到密闭集输要求,常压操作存在一定安全隐患;六是整个装车拉油生产流程需要涉及电力、天然气、人工操作,生产运行及维护成本增加;七是天然气逸散存在安全隐患并会对油区环境造成污染。

目前部分油区使用天然气加热型多功能罐,采用油井伴生天然气作为燃料直接加热盘管的方式对加热罐内的原油进行加热,使用一段时间后设备腐蚀老化严重、盘管壁厚减薄穿孔,产生安全隐患,且无法解决自产天然气高含硫化氢、油井周围无其他清洁气源的原油加热升温问题,影响油井正常生产。为解决上述油井生产问题,塔河油田研发了一种一体化原油生产处理装置。

2.4.2 结构及原理

一体化原油生产处理装置主要由集罐体、电加热装置、控制柜及密闭流程等于一体的撬装结构构成,同时具备油气收集、原油储存、气液分离、油水分离、储液计量直读、罐体压力出液、原油电加热等多项功能,能够有效解决油田单井的密闭生产问题及气源不足或气质不佳而不适用燃气加热型处理装置的油井原油加热问题,能满足上述单井生产需要。

如图2.23所示,该装置采用卧式筒体结构,属于压力容器,流程密闭,为满足生产、安全等各方面使用要求,罐体顶部设置有检修人孔、就地压力表口、远传压力表口、安全阀口、出气口及出液口;罐体左侧设置有进液口、电加热装置安装口;罐体前部分别设置有就地温度计口、远传温度计口、储液计量直读装置、磁翻板液位计;罐体底部分别设置有排液口、清砂口;罐体内部设置有进液管、波纹分离元件、检修斜梯、捕雾装置、出液管。进液口、进液管、波纹分离元件、出液管、出液口按照液体流动方向依次连接;捕雾装置、出气口按照气体流动方向依次连接。

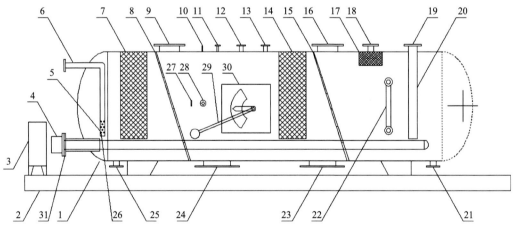

图 2.23 一体化原油生产处理装置结构图

1-罐体;2-底撬;3-控制柜;4-电加热装置;5-进液管;6-进液口;7-波纹分离元件1;8-检修斜梯1;9-检修人孔1;10-就地压力表口;11-远传压力表口;12-安全阀口1;13-安全阀口2;14-波纹分离元件2;15-检修斜梯2;16-检修人孔2;17-捕雾装置;18-出气口;19-出液口;20-出液管;21-排液口2;22-磁翻板液位计;23-清砂口2;24-清砂口1;25-排液口1;26-布液孔;27-就地温度计口;28-远传温度计口;29-浮球连杆机构;30-储液计量直读装置;31-电加热装置安装口

进液管位于罐体水平中心线以下部分,管壁周围开圆孔,实现均匀布液功能;罐体内部设置的波纹分离元件将罐体内部分为三个部分,油井来液通过进液口沿进液管进入罐体内部并均匀布液，通过重力沉降作用及波纹分离元件的分离作用实现气液、油水的有效分离；分离后的天然气通过捕雾装置再次分离出油水液滴，最终天然气从出气口排出罐体。

电加热装置通过罐体左侧电加热装置安装口以法兰连接方式安装在罐体左侧并伸入罐体内部，罐体内部通过支撑架支撑，实现原油电加热升温功能；根据所需加热功率，电加热装置采用两组石油防爆电磁加热棒，按照一组常用一组备用原则，每组石油防爆电磁加热棒能够单独满足加热功率要求。电加热装置单独配备控制柜，实现受热油品介质温控、过热保护及防干烧断电保护功能，避免电加热装置意外干烧损坏和人为的安全事故。

2.4.3　现场应用

截至 2018 年 12 月，自动装车量油一体化装置已成功在塔河油田应用，共计应用 10 套（5 座拉油流程），如图 2.24 所示。该装置替代了常规的单井拉油流程，可实现单井流程无人值守运行，减少运行人员 30 人；多种设备集成于一体，减少了流程维护，减少设备维护费用 10 万元/a；装置为密闭生产，较高架罐减少原油损耗，5 座拉油流程可减少油气损耗约 2475t/a，年降低成本约 1217 万元，降本增效作用明显。

图 2.24　自动装车量油一体化装置现场装置图

第3章 塔河油田原油处理新技术及应用

塔河油田稠油具有高黏度($4\times10^4\sim1.8\times10^6$mPa·s)、高含沥青质(10.5%)、高密度($0.7500\sim1.017$g/cm^3)、高凝固点($8\sim60$℃)、高含硫化氢、高含盐(地层水含盐 2.2×10^5mg/L)的特点[29]。胶质、沥青质以胶体粒子状态存在于原油中,导致采出液的乳状液结构比较复杂、稳定性较强,破乳脱水难度大,主要表现为油水沉降分离速度慢、沉降分离过程中出现严重的乳化过渡层、采出水含油量大等特点。尤其是增产措施液(如酸化压裂液)混入原油,形成含酸稠油,进一步加大了稠油乳化液处理难度。同时,塔河油田主力区块为超稠油区块,稠油中高含硫化氢,高黏度稠油中的硫化氢难以采用常规分离工艺达到原油与硫化氢分离目的,此类高黏度、高含硫化氢稠油脱硫技术国内外未见报道。

因此,塔河油田基于塔河稠油高黏度、高含硫化氢的特点,开展了含酸超稠油破乳脱水、原油脱硫、混烃脱硫等原油处理技术攻关,形成了以含酸稠油脱水、稠油负压气提脱硫、混烃分馏脱硫等一系列自主创新的原油处理新技术。

3.1 原油处理技术简介

原油处理技术主要包括原油脱水、原油 H$_2$S 脱除、原油稳定等,主要目的是减少油井采出液的体积流量,增加设备和管道的有效利用率,降低管道输送中的动力和热力消耗,以及金属管道和设备的结垢与腐蚀,减少原油集输储运过程中的蒸发损耗。

3.1.1 原油脱水工艺

根据分离原理的不同,目前常用的原油脱水方法[30]主要有物理法、化学法和生物法。物理法主要有重力沉降脱水、旋流分离脱水、电脱水、超声波破乳、微波辐射法等;化学法主要采用加注破乳剂法;生物法主要是引入具有破乳作用的菌种,达到破乳的效果。

1. 物理法

1)重力沉降脱水

重力沉降脱水是依靠油水密度差,在密度差作用下产生下部水层水洗、上部原油水滴的沉降,这两种方式共同作用使油水分离。该方法主要用于脱除油田现场开采出的原油或高含水原油脱水前的处理。该方法一般使用的设备包括沉降罐和游离水分离器。采用该方法,进罐油水混合物一般无须加热,节省燃料;罐内无运动部件,操作简单,自控水平要求低;原油体积和密度变化小,轻组分损失少。但是采用该方法消耗的时间较长且效率低,并且不适用于气油比大、含水率低及油水密度差小的原油脱水。

2) 旋流分离脱水

旋流分离脱水是依靠流体旋转产生离心力的方式进行油水分离，用离心力代替重力沉降。该种方式相对于重力沉降脱水，提高了分离速度与效果，减少了分离时间。常用的离心式油水分离设备是水力旋流器及沉降式离心机等类似设备。水力旋流器是由入口段、收缩段、分离段和出口段四个回转体通过顺序连接的方式组成的。对于液-液水力旋流器，混合液体进入旋流器后会对流体产生静应力，在这个力的作用下流体进行旋转运动，随着旋转运动的进行分离的物料形成规律性的空间分布，完成液体的分离。

3) 电脱水

原油的电脱水一般是在静电场力和化学破乳作用下实现的破乳过程。该方式主要是在高压电场作用下，小水滴通过聚结形成大水滴，利用油水密度差，使原油中的水沉降分离。用于破乳的高压电场有交流电、直流电和交-直流电等。在电脱水过程中主要有三种聚结方式，包括偶极聚结、振荡聚结和电泳聚结。其中振荡聚结和偶极聚结发生在交流电场中；偶极聚结和电泳聚结发生在直流电场中，其中电泳聚结起主要作用；三种方式都存在于交-直流电场中。相对于化学破乳方式，电破乳能够实现大规模的连续操作，但是由于油的介电常数和电导率小于水，水包油型乳状液不能够采用这种方式。

4) 超声波破乳

超声波破乳是强化原油破乳脱水的一种十分有效的方法，该方法主要利用超声波的特性，包括它的机械振动作用和热作用。机械振动能够使水粒子向着波腹与波节方向移动，促使水粒子发生碰撞从而形成更大的水滴，最后在重力作用下使水滴沉降分离。热作用可以加快水粒子的运动，增加水滴碰撞机会，由于温度的升高，降低了油水界面膜的强度并使原油的黏度降低。影响超声波脱水的因素有很多，包括声强、频率、温度等。无论是在水中还是在油中，超声波具备良好的传导性，这就使超声波破乳法能够用于各种类型的原油乳状液。

5) 微波辐射法

微波辐射法是利用微波的优势进行原油破乳脱水，即在处理的过程中，微波产生高频变化的电磁场，乳状液中的极性分子在变化的电磁场的作用下进行高速旋转运动，这样使油水界面膜的 Zeta 电位被破坏，当水(油)分子在失去了 Zeta 电位对其的作用后，便在空间内的任意方向进行运动，不断发生碰撞。水分子在吸收了微波能量后，使内相水滴膨胀从而导致界面膜受内压变薄。除此之外，在微波形成的电磁场中，一些非极性分子会被磁化，被磁化的非极性分子会与油分子轴线呈一定的角度，在其中形成涡旋电场，涡旋电场的存在减小了分子间作用力，使原油的黏度降低，油水密度差增加。这些方式均会增加水分子的碰撞机会，使其不断聚结成大水滴，最终在原油中沉降，实现油水分离。

2. 化学法

化学破乳法是目前国内油田普遍采用的一种破乳手段，即向油水乳状液中添加一种化学助剂，促使油与水分层，这种试剂常为表面活性剂或两亲结构的超分子表面活性剂，称这种化学助剂为破乳剂。化学破乳的机理是由于破乳剂具有更高的活性，会替换或吸附在原有的油水界面上，形成强度更低的界面膜，最终导致界面膜破裂，将包裹在膜内的乳化水释放出来，通过聚结小水滴不断形成更大的水滴，在重力作用下沉降到底部，实现油水分离。

目前国内油田常使用的非离子型破乳剂包括由烷基酚醛树脂(AR 树脂)与聚氧乙烯、聚氧丙烯聚合而成的新型油溶性的非离子型破乳剂，以多乙烯多胺为引发剂的聚氧乙烯聚氧丙烯聚醚(AP)系列破乳剂，以多乙烯多胺为引发剂的聚氧乙烯聚氧丙烯聚醚(AE)系列破乳剂，主要组分为聚氧乙烯聚氧丙烯十八醇醚(SP)系列破乳剂。在生产实际中，经常根据实际情况用几种活性剂复配进行实验，提高破乳剂的效率，从而提高破乳效果。但目前破乳剂在使用过程中仍然存在着许多问题，如破乳剂的破乳效果不明显，国内破乳剂的用量高、适应性差等。现在迫切需要研制成本低、脱水效率高、无污染、无腐蚀作用的破乳剂，这是未来破乳剂研发的基本方向。

3. 生物法

生物法原油脱水是利用微生物对原油乳状液的作用提出的一种新型脱水方法。其原理是：有些微生物在生长过程中不断消耗表面活性剂，破坏乳状液的稳定性，对其中的乳化剂有生物变构作用；与此同时，在代谢的过程中，某些微生物会分泌出带有表面活性的产物，这类代谢产物对于原油乳状液来说是良好的破乳剂。

3.1.2 原油 H_2S 脱除工艺

在油田原油的处理工艺中，H_2S 脱除工艺的应用比较少，随着高含 H_2S 原油的开采，原油 H_2S 脱除工艺技术得到了一定程度的发展。H_2S 脱除主要方法为化学法和物理法。

1. 化学法脱除 H_2S

化学法脱除 H_2S 是含 H_2S 原油脱除 H_2S 最常见、最简便的方法。其主要工艺包括管道加注脱硫剂和原油碱洗[31]。化学法脱除 H_2S 所需药剂量大，成本高，在集输、处理、储运过程中对管道、设备腐蚀性大，并且硫元素仍在原油中，易对下游炼化系统造成伤害。

2. 物理法脱除 H_2S

H_2S 在常温常压条件下为气态，原油中所含的 H_2S 一般为溶解状态。从气液相平衡的角度来看，任何原油分离的过程(加热、减压)都可以改变 H_2S 的溶解平衡，降低原油中的 H_2S 含量。H_2S 的常压沸点为–60.3℃，介于 C_2 和 C_3 之间，因此在原油分离过程中，从原油内分离出 C_2 和 C_3 的同时也可以将其中所含的 H_2S 气体分离出来。目前国内外常用的方法主要有多级分离法、负压闪蒸法、分馏法和气提法等。

1) 多级分离法

多级分离是常用的一种原油脱气工艺,因此也可以作为原油脱 H₂S 的一种方法。原油沿管路流动的过程中,压力会降低,当压力降低到某一数值时,原油中会有部分气体析出,在油气两相保持接触的条件下,把压降过程中析出的气体排出,剩余的液相原油继续沿管路流动,当压力降低到另一较低数值时,再把该降压过程中析出的气体排出,如此反复,最终产品进入储罐,系统的压力降为常压[32]。多级分离法在国外部分油田得到了较为广泛的应用。多级分离法的分离程度不深,主要用于 H₂S 含量少的原油,此外该方法要求油气藏的能量高,井口有足够的剩余压力,而我国的高压油田不多,因此多级分离法的应用并不多,国内尚且还未将其用于原油脱除 H₂S 处理。

2) 负压闪蒸法

图 3.1 是原油的压力-温度(P-T)相图,点 C 是临界点,B 段是原油的泡点线,D 段是露点线。泡点线上方的区域是液相区,露点线下方的区域为气相区,泡点线和露点线包围的区域为气液两相混合区。从原油的 P-T 相图可知,在压力不变的条件下升高饱和原油温度或在温度不变时降低饱和原油压力,都可以使原油部分汽化,原油状态点移至气液两相混合区内,原油中的 H₂S 会部分闪蒸进入气相,达到原油脱除 H₂S 的目的。负压闪蒸就是靠降低分离压力的原理脱除原油 H₂S 的。

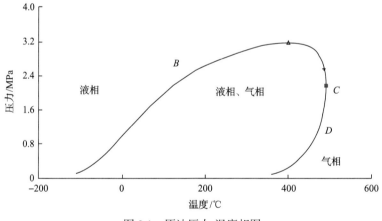

图 3.1 原油压力-温度相图

负压闪蒸法的主要耗能单元是压缩机和冷凝器,该方法的优点是闪蒸温度和闪蒸压力低,流程简单,难点在于负压压缩机的运行和操作难度较大。

3) 分馏法

分馏法可用作原油脱除 H₂S 的手段,分馏法是利用精馏原理对原油进行处理。精馏过程实质上是一个多次平衡汽化和冷凝的过程,对物料的分离较为精细,产品收率高,分离较完善。精馏过程利用混合物中各组分挥发能力的差异,通过塔底气相和塔顶液相回流,气、液两相在分馏塔内逆向多级接触,在热能驱动和相平衡关系的约束下,在各接触塔板上易挥发的轻组分(H₂S)不断从液相往气相中转移,与此同时,难挥发的重组分也不断由气相进入液相,从而达到脱除 H₂S 的目的。该过程中传热、传质同时进行。精馏过程的热力学基础是体系中各组分之间具有相对挥发度，而多次接触级蒸馏为精馏过程提供了实现手段。在一个精馏塔内自上而下温度逐级升高，塔顶温度最低，塔底温度最高。

图 3.2 是一个完整精馏塔的示意图。塔内有若干层塔板，每一层塔板就是一个接触级，它是实现气液两相传质的场所。塔顶设有冷凝器将顶部蒸气中的较重组分冷凝成液体并部分回流入塔内，塔底设有再沸器将底部的部分液体汽化后作为塔底回流。该过程的流程描述如下：物料由塔中部某一适当塔板位置连续流入，在塔内部分汽化，汽化部分在塔上部进行精馏，分离出的气体自塔板向上流动，从塔顶流出，经冷凝器冷凝后，冷凝液的一部分作为塔顶产品连续产出，其余回流进入塔顶，为塔顶提供液相回流；塔底出来的液体经再沸器部分汽化后的气体作为塔底回流，为塔提供分馏所需的热能并提供气相回流，液体作为塔底产品连续排出。

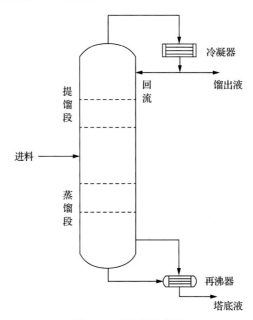

图 3.2　精馏塔示意图

在加料位置之上的精馏部分，不断上升的蒸气与顶部下来的回流液体逐级逆流接触，在每一级塔板上进行多次气液传质，因此塔内塔板位置越高，气相易挥发组分的浓度越大；在加料位置之下的提馏部分，下降液体与底部回流的上升蒸气逐级逆流接触，进行多次接触级蒸馏，因此塔内自上而下液相组分浓度逐级增大，如图 3.3 所示。总体来看，全塔自塔顶向下液相中难挥发组分浓度逐渐增大；自塔底向上气相中难挥发组分浓度逐渐减小。

根据上面的介绍，将分馏法应用于原油脱 H_2S 时，需要先对原油进行初步气液分离，将其中的 C_1、C_2 等较轻组分分离出去，此时 H_2S 将变为原油中最易挥发的组分，理论上讲，只要塔板数足够多，易挥发组分的纯物质就能完全从塔顶脱除，而在塔底得到最难挥发组分纯物质。

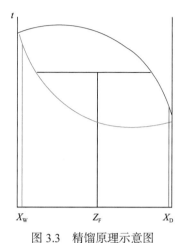

图 3.3　精馏原理示意图

X_W-塔底物质的量浓度；Z_F-原料物质的量浓度；X_D-塔顶产品物质的量浓度

通常来说，原油脱 H_2S 过程中只对塔底原油中的 H_2S 含量有要求，而并不在意塔顶产品的组成，因此，对于只对塔底产品有质量要求的原油处理工艺可以应用提馏塔进行，提馏塔是没有精馏段的分馏塔，即提馏塔没有塔顶冷凝器，只有塔底再沸器，原料塔顶液相进料。但是由于提馏塔没有精馏段，没有塔顶回流，对塔顶产品组分很难控制，会有重组分进入塔顶，这样会影响塔底原油的收率。

4) 气提法

根据相平衡原理，只要有效降低轻组分蒸气分压，就能促使原油中轻组分汽化，气提工艺就是应用这一原理向气提塔内通入一定的更易分离的气体，减小塔内轻烃蒸气分压，使原油中轻组分更易汽化[33]。若原油中的 H_2S 含量较高，经负压闪蒸或多级分离处理后，H_2S 的含量还是达不到原油的脱硫要求，此时可采用气提法，向分馏塔或提馏塔的底部通入天然气或经再沸炉加热后的原油蒸气，天然气中的 H_2S 含量要尽量低，或者不含 H_2S。气体向上流动过程中与向下流动的原油在塔板上逆流接触，由于气相内 H_2S 分压很低、液相内 H_2S 含量高，产生浓度差促使 H_2S 进入气相，降低原油内溶解的 H_2S 含量。与减压蒸馏相比，该方法所通入的惰性气体中 H_2S 分压很低，在总压不变的情况下相当于降低了气相中的 H_2S 分压，有利于 H_2S 从液相向气相的传质。

气提气主要有以下两个作用。

(1) 气提气的主要组分为 $C_1 \sim C_3$，由于气提气中的 H_2S 含量低，在流动条件下有效地降低了 H_2S 在气相中的分压，增加了原油中 H_2S 向气相扩散的传质推动力。

(2) 气提气在塔内自下而上运动，对原油中已分离出的气相组分起到了一定程度的冲击携带作用，有利于气相的分出。

3. 化学法、物理法优缺点对比

化学法为常规的原油 H_2S 脱除方法，常用于原油中 H_2S 含量较少、油品较稠的情况。简易的物理分离不能满足外输要求的情况。物理法常用于 H_2S 含量高且不易分离的情况。两者的优缺点如表 3.1 所示。

表 3.1　化学法、物理法脱除 H_2S 优缺点对比

名称	优点	缺点
化学法	设备简单，反应迅速，效率高	①每天原油流量波动大，且脱硫剂用量大，不宜控制； ②影响原油品质； ③对设备腐蚀大； ④处理成本高
物理法	①纯物理反应，无任何副作用； ②不影响原油品质； ③对设备、人员无危害； ④处理成本低	能耗相对较高

3.1.3　原油稳定工艺

原油中含有的 $C_1 \sim C_4$ 是挥发性很强的轻组分，其在常温常压下是气体，从原油中挥发时会带走大量的戊烷、己烷等组分，造成原油大量损失。将原油中挥发性强的轻组分脱除，降低原油在常温常压下的蒸气压，这一工艺过程称原油稳定。原油稳定是为了降低油气集输中的原油蒸发损耗，采用合适的方法将原油中易挥发的轻组分脱除，降低原油的蒸气压，使原油能够在常压下稳定储存[34]。一般控制最高储存温度下饱和蒸气压为当地大气压力的 0.7 倍。

油罐烃蒸气回收原理流程如图 3.4 所示。立式油罐承压能力一般仅为–0.5～2.5kPa，大罐抽气的关键问题是罐内压力的控制。为确保罐内压力在允许范围内，需配置适宜的压缩机和实用的控制仪表，做到超压放空和低压补气，以确保安全可靠。一般调整油罐正常工作压力为 0.1～0.2kPa。

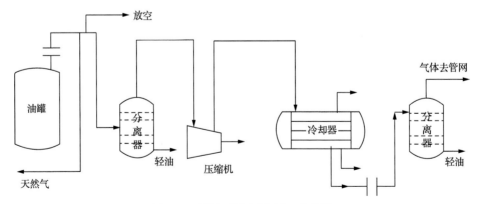

图 3.4　油罐烃蒸气回收原理流程图

大罐抽气工艺简单，稳定深度有限。可回收原油罐的烃蒸气，降低蒸发损耗，对老油田改造、实现原油密闭处理有现实意义。

原油稳定方法主要有两类：一是闪蒸法，即一次平衡汽化(降压、加热)；二是分馏稳定法，即多次平衡汽化(加热)。

1. 闪蒸法

降低系统压力或加热提高系统温度，就会破坏原来的气液平衡状态，产生一次汽化过程，使原油中轻组分挥发出来。闪蒸法就是利用这一原理来实现原油稳定，主要包括负压闪蒸、正压闪蒸、多级分离稳定。

1) 负压闪蒸

原油稳定的闪蒸压力(绝对压力)比当地大气压低，即在负压条件下闪蒸，以脱除其中易挥发的轻烃组分，这种方法称为原油负压稳定法，又称为负压闪蒸法。负压稳定的操作压力一般比当地大气压低 0.03～0.05MPa，操作温度一般为 50～80℃。

如图 3.5 所示，未稳定原油一般在 50～60℃下进入负压原油稳定塔。塔的顶部与真空压缩机进口相连，使塔的真空度保持在 26～52kPa。由于负压，原油中的轻组分挥发进入气相，经真空压缩机增压、脱除轻油和水后外输。稳定后的原油由塔底流出，经原油外输泵增压后输送至矿场油库，或进罐储存再经原油外输泵送至矿场油库。

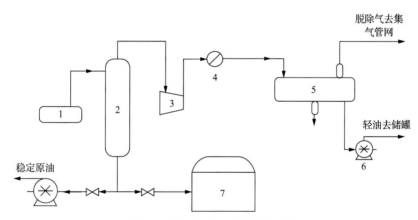

图 3.5　负压稳定工艺流程示意图

1-电脱水器；2-负压原油稳定塔；3-真空压缩机；4-冷凝器；5-三相分离器；6-轻油泵；7-稳定原油罐

该方法适用于密度较大的原油，因为较重的原油中所含的轻组分较少，负压闪蒸能得到较好的效果。否则，原油汽化量较大，利用气体压缩机抽吸耗能过多，经济上不合理。当每吨原油的预测脱气量在 5m³ 左右时，适合采用此方法。当原油中轻组分较多时，可采用加热闪蒸法，适当提高分离压力，在常压或微正压下操作。

2) 正压闪蒸

正压闪蒸是在正压下通过提高温度，使原油中部分轻组分蒸发出来，达到稳定的目的。

一般闪蒸压力为 0.2～0.3MPa(绝对压力)，闪蒸温度应提高到 80～120℃。正压闪蒸原理流程如图 3.6 所示。

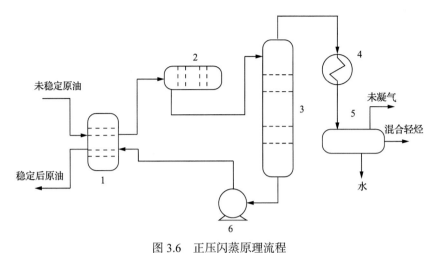

图 3.6 正压闪蒸原理流程

1-换热器；2-加热炉；3-闪蒸塔；4-冷凝器；5-三相分离器；6-泵

3) 多级分离稳定

多级分离稳定是将原油分若干级进行油气分离稳定，每一级的油和气都接近平衡状态。这种方法实际上是用若干次连续闪蒸使原油达到稳定，其典型流程见图 3.7。该方法是在国外采用较多的一种稳定工艺。

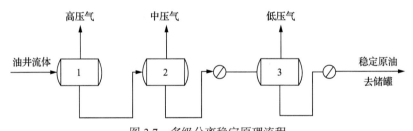

图 3.7 多级分离稳定原理流程

1-高压分离器；2-中压分离器；3-低压分离器

多级分离稳定的分离级数一般为 3～4 级，末级分离压力一般不超过 0.05MPa。工艺简单，投资少，适用油井生产压力较高、有足够剩余能量可利用的原油。储油罐应配有大罐抽气系统，降低油气损耗。

2. 分馏稳定法

分馏稳定法是按照轻重组分挥发度不同，用精馏原理将原油中的 C_1～C_4 脱除，达到稳定的目的。分馏稳定法原理流程见图 3.8。

分馏稳定法稳定效果好，C_1～C_4 收率高，但工艺流程复杂，控制要求高，能耗高。综合来说，该方法是应用最广泛的原油稳定方法，对于 C_1～C_4 含量较多的原油，可采用分馏稳定法进行原油稳定。

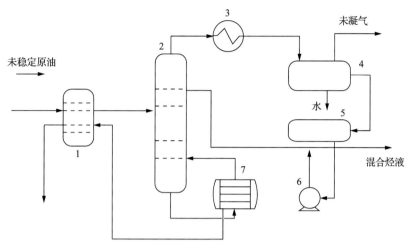

图 3.8　分馏稳定法原理流程

1-换热器；2-稳定塔；3-冷凝器；4-三相分离器；5-回流罐；6-泵；7-重沸器

3.2　含酸稠油脱水技术

3.2.1　技术背景

油田在开采过程中由于钻井、酸化、压裂、堵水调剖、化学降黏、化学清防蜡、沥青质解堵及其他提高采收率工艺等作业加入酸液、压裂液、油田化学用剂、泥浆泥沙漏失液、油井前期返排液，这些作业残液会与地层中的表面活性物质、原油逐渐形成极难破乳脱水的乳状液及极难处理的原油乳化液，进一步加大了稠油乳化液处理难度。此类原油前期采用增加破乳剂加注量、延长沉降处理时间的方法进行处理，破乳剂加量高达1000mg/L，沉降时间大于 96h，处理成本、处理能耗高。因此，塔河油田从含酸稠油性质、影响破乳脱水原因出发，结合物理、化学脱水工艺，形成了含酸稠油"水洗+大罐沉降+高频电脱"集成处理新工艺[35]。

3.2.2　脱水技术方法

1. 含酸稠油对破乳的影响

1) 原油性质对破乳的影响

原油族组成可以分为沥青质、胶质、芳香组分和饱和组分，其中沥青质和胶质对原油破乳影响较大。塔河油田稠油中沥青质含量较高，稠油乳状液的破乳极为困难。不同稠油组成对原油破乳的影响如表 3.2 所示。

由表 3.2 可知，原油中胶质、沥青质含量越高，原油破乳越困难，这是因为在酸性环境下胶质、沥青质中的极性物质容易与铁离子反应生成酸化淤渣，酸化淤渣是一种很好的乳化剂，造成原油脱水困难。含酸油中的机械杂质粒径很小，分散在油水界面上能够增强界面膜强度，对油水乳状液有很好的稳定作用。据分析，酸化压裂中残留的表面

表 3.2　含酸稠油成分分析表　　　　　（单位：%，质量分数）

编号	饱和组分	芳香组分	沥青质	胶质	机械杂质	原始含水率	脱水率
1	27.91	19.74	10.63	46.55	0.77	42.1	6.3
2	29.92	20.83	5.22	43.77	0.26	43.2	7.1
3	35.49	26.69	4.42	33.31	0.09	40.4	12.3
4	33.04	21.99	4.66	40.2	0.11	39.8	9.1
平均值	31.59	22.31	6.23	40.96	0.31	41.38	8.7

活性剂可以和这些微粒结合，形成稳定界面膜的天然乳化剂，从而使乳状液更为稳定。此外，也有研究表明，沥青质与固体颗粒共同作用形成的乳状液比沥青质单独形成的乳状液要牢固得多。因此，从原油组成成分来看，含酸稠油破乳脱水难度较大[36]。

2) 酸化压裂返排液对破乳的影响

塔河油田属于碳酸盐岩型油藏，常采用酸化、压裂酸化等增产作业，施工中的液体与原油返排形成含酸稠油。酸化液中的盐酸会改变稠油乳状液的 pH，而塔河原油中含有较多的石油酸，石油酸本身又是一种表面活性剂，对原油破乳具有较大的影响。因此，pH 的改变会影响石油酸的性质，从而影响原油破乳[37]。此外，酸化和压裂中含有大量的聚合物及表面活性剂，其有利于原油乳状液的分散和稳定，给原油破乳带来极大困难。

pH 对塔河油田稠油破乳的影响如表 3.3 所示。从表 3.3 可以看出，盐酸对原油破乳脱水具有显著影响，盐酸加入量超过 1.5%时基本不能脱水。

表 3.3　不同浓度盐酸对破乳的影响

盐酸质量分数/%	脱水量/mL						脱水率/%
	30min	60min	2h	3h	4h	6h	
0.0	0.5	2.9	12.8	21.2	28.5	31.8	97.9
0.5	0.7	3.8	14.4	20.1	26.5	26.6	80.0
1.0	0.4	1.3	4.5	8.4	14.9	15.5	50.0
1.5	0.2	0.5	0.9	1.1	1.2	1.2	3.7
2.0	0.0	0.0	0.0	0.0	0.0	0.0	0.0

由图 3.9、图 3.10 可知，在原油中加入 pH 为 6～8 的溶液对原油破乳脱水的影响较小，加入溶液的 pH 越小或越大，对原油破乳脱水的影响越大。

塔河油田常采用变黏酸和胶凝酸进行酸化作用，其主要组成分别如表 3.4 和表 3.5 所示。变黏酸、胶凝酸对原油破乳的影响分别如表 3.6、表 3.7 所示。

由表 3.6、表 3.7 及图 3.11 可知，两种酸化压裂液对原油破乳具有很大影响，当酸化压裂液质量分数达到 7.5%时原油基本不能脱水。残液返排进入系统后，影响分离脱水效果，因为残留酸中的 H^+ 将激活原油中的环烷酸，增加乳化剂数量，使乳化膜强度加大，从而使破乳剂替换油水界面的难度加大，影响化学脱水的进行，造成原油破乳困难、脱水系统紊乱。另外，残留酸会与原油中的碱性氮化物反应生成具有一定界面活性的物质，此外还会导致原油乳状液 pH 降低，油水界面张力变小，乳状液稳定性增强。

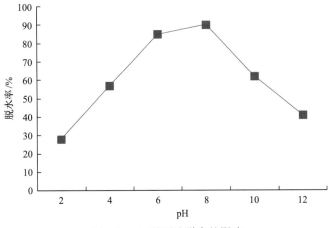

图 3.9　pH 对原油脱水的影响

(a) pH=2　　(b) pH=4　　(c) pH=6　　(d) pH=8　　(e) pH=10　　(f) pH=12

图 3.10　不同 pH 介质对油水分离情况

表 3.4　变黏酸的组成　　（单位：%，质量分数）

HCl	ZX-H1 缓蚀剂	ZX-P1 破乳剂	ZX-Z1 助排剂	ZX-T1 铁离子稳定剂	ZX-T120V 变黏酸胶凝剂
20	2.0	1.0	1.0	1.0	0.8

表 3.5　胶凝酸的组成　　（单位：%，质量分数）

HCl	CT-H 缓蚀剂	CT-Z 助排剂	CT-S 高温胶凝剂	CT-P 破乳剂	CT-T 铁离子稳定剂
20	2.0	1.0	0.8	1.0	1.0

表 3.6　变黏酸对原油破乳的影响

变黏酸的质量分数/%	脱水量/mL						脱水率/%
	30min	60min	2h	3h	4h	6h	
0.0	0.5	2.9	12.8	21.2	28.5	31.8	97.9
2.5	0.5	3.1	12.7	18.8	24.2	24.9	76.6
5.0	0.2	0.7	3.9	8.1	11.3	11.7	36.0
7.5	0.0	0.3	0.5	0.6	0.7	0.7	2.2
10.0	0.0	0.0	0.0	0.0	0.0	0.0	0.0

表 3.7　胶凝酸对原油破乳的影响

胶凝酸质量分数/%	脱水量/mL						脱水率/%
	30min	60min	2h	3h	4h	6h	
0.0	0.5	2.9	12.8	21.2	28.5	31.8	97.9
2.5	0.6	3.3	11.4	18.3	24.1	25.3	77.9
5.0	0.3	1.1	4.2	7.9	10.5	12.5	38.5
7.5	0.0	0.2	0.5	0.6	0.6	0.6	1.8
10.0	0.0	0.0	0.0	0.0	0.0	0.0	0.0

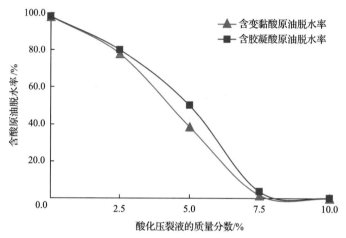

图 3.11　酸化压裂液浓度对破乳脱水的影响

3) 残液返排速度对破乳的影响

原油在采出过程中受到了不同程度的剪切、湍动从而形成乳状液,尤其在经过油嘴或泵时原油极易乳化。原油中含有酸、固体颗粒等会使原油乳状液稳定性增强。排液速度对破乳情况的影响及乳状液微观状态如表 3.8 及图 3.12 所示。可见,残液排液速度对于采出液稳定性影响明显,排液速度越大,含酸稠油脱水速度越慢,脱水效果越差。排液速度越大所形成的乳状液粒径越小,乳状液分散越好,破乳脱水越困难。其原因为排液速度越大,残酸与原油混合越均匀,增强了原油乳化作用。

2. 含酸稠油水洗技术

含酸稠油中含有一定量的机械杂质,且含有一定的有机酸或无机酸。塔河油田提出了含酸稠油水洗技术,以降低含酸稠油中的酸和机械杂质对破乳脱水的影响[38]。

表 3.8　排液速度对含酸稠油破乳的影响

排液速度/(m³/h)	脱水量/mL					界面状况
	0.5h	1h	2h	4h	6h	
5	5.5	9.5	12	12.5	13	齐
10	0	0.7	8	11.5	12.5	乳化层薄
15	0	0	0	0.5	6	乳化层厚

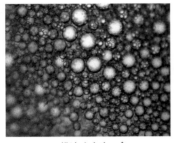

| (a) 排液速度为5m³/h | (b) 排液速度为10m³/h | (c) 排液速度为15m³/h |

图 3.12　不同排液速度原油乳状液微观状态

由表 3.9 可知，含酸稠油水洗后破乳脱水效果有一定提升，脱水后原油含水率由 6.25%升高至 7.40%。通过水洗的方式，劣化油和水充分接触，可以使大部分乳化水与水洗水混合，降低乳化水中各种作业残液的浓度，从而降低其对界面膜的影响，另外还可以将劣化油中的泥沙、泥浆、盐类等颗粒细小的固体杂质及部分酸化淤渣洗涤出来，从而降低劣化油脱水难度。

表 3.9　实际采出液的水洗效果

含酸稠油	脱水量/mL						水相 pH	原油含水率/%
	0.5h	1h	2h	3h	5h	7h		
水洗前	2.0	7	10	11.5	12.5	13.5	5.87	6.25
水洗后	1.0	4	6	7	9	10	5.36	7.40

3. 高频脉冲电脱水

高频脉冲电脱水技术具有电耗低、脱水效率高、设备运行稳定性高的优点，对难破乳脱水原油具有很好的促进作用。为了进一步降低含酸稠油脱水效率，在水洗的基础上采用了高频脉冲电脱水技术。

采用高频脉冲电脱水与未采用高频脉冲电脱水效果对比表明，高频脉冲电脱水对含酸稠油具有很好的促进作用，在降低破乳剂加量 50%条件下，可将含酸稠油含水率降低至 0.5%（表 3.10）。

表 3.10　高频脉冲与破乳剂联合电脱水

初始含水率/%	电压/V	电流/A	频率/kHz	温度/℃	脉宽比	破乳剂用量/(mL/m³)	原油含水率/%
3.5	0	0	0	80	0	1000	3.5
	90	1.12	3	80	80	500	0.5

4. "水洗+大罐沉降+高频电脱"集成脱水技术

根据含酸稠油对破乳脱水影响分析，结合含酸稠油水洗技术和高频脉冲电脱水技术特点，塔河油田提出了"水洗+大罐沉降+高频电脱"集成脱水技术，工艺流程图如图 3.13 所示。

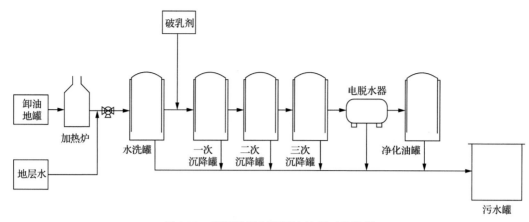

图 3.13 塔河油田含酸稠油处理工艺流程

流程描述：含酸稠油与地层水混合后进入水洗罐进行水洗和初步沉降，初步沉降后的稠油加入破乳剂后依次进入一次、二次、三次沉降罐，沉降后的稠油再通过高频电脱水器进行劣化油含水精脱，最后进入净化油罐进行沉降处理。

3.2.3 现场应用

塔河油田含酸稠油处理前期采用热化学法，破乳剂加量为 1000mg/L，沉积时间普遍大于 72h，能耗高、处理成本高。2015 年采用了"水洗+大罐沉降+高频电脱"集成脱水技术，利用水洗技术降低含酸稠油乳化液中酸、固体颗粒及化学添加剂对油水界面膜的影响；利用高频脉冲电脱水技术对含水率较低乳化液具有较高效率的特点，含酸稠油乳化液破乳剂加量由 1000mg/L 降低至 300mg/L，沉降时间由 96h 以上降低至 48h，处理成本和处理能耗大幅降低。

3.3 稠油负压气提脱硫与稳定一体化技术

3.3.1 技术背景

塔河油田主力区块为高含 H_2S 超稠油区块，稠油中 H_2S 含量为 1500～2000mg/L。前期，塔河油田采用"气液分离器分离+大罐抽气+加注脱硫剂"方法进行 H_2S 脱除和原油稳定。由于稠油黏度高，稠油经气液分离器分离后 H_2S 含量仍为 250～350mg/L。在脱水过程中对沉降罐进行抽气处理，稠油中 H_2S 含量可进一步降低，但外输时 H_2S 含量仍高达 200mg/L，需加注化学脱硫剂。上述工艺方法存在以下缺陷：一是稠油脱水温度为 70～75℃，含 H_2S 稠油对脱水设备腐蚀严重；二是外输稠油中 H_2S 含量较高，所需化学脱硫剂加注量大，脱硫成本高；三是稠油稳定深度不够，经测算，每万吨外输稠油中可挥发轻组分为 40～50t。

为此，塔河油田通过对多级分离法、负压闪蒸法、提馏法等技术进行模拟计算论证，探讨相应技术对高黏度、高含 H_2S 原油 H_2S 脱除的适应性，首次在国内先后提出正压气提脱硫技术、负压气提脱硫与稳定一体化技术，并先后在塔河油田二号、三号、四号联合站等 7 座油气处理站场得以应用,原油脱硫效果、原油稳定深度得到了极大的改善。

3.3.2 稠油脱硫与稳定技术

1. 多级分离技术

多级分离是指在油气两相保持接触的条件下,压力降到某一数值时,把压降过程中析出的气体排出,脱除气体的原油继续沿管路流动并降压到另一较低压力,此时把该降压过程中从原油中析出的气体再次排出,多次重复该降压过程至系统压力降为常压原油进入储罐为止。每排气一次作为一级,排几次气称为几级分离技术,如图 3.14 所示。

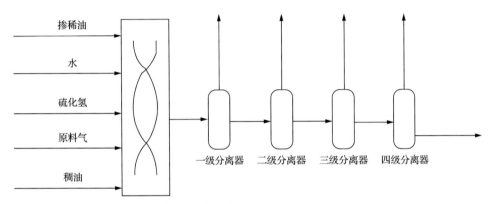

图 3.14 多级分离的模拟计算流程图

影响多级分离工艺气液分离效果的主要操作参数有分离级数、各级分离温度和分离压力。

1)分离级数

一级分离、二级分离、三级分离三种工况分离后原油中 H_2S 的含量、原油蒸气压、原油的相对密度以及 H_2S 脱出率结果如表 3.11 所示。

表 3.11 多级分离工艺模拟计算结果

	分离级数		
	一级分离	二级分离	三级分离
H_2S 含量/(mg/kg)	435.11	380.98	357.49
原油蒸气压/kPa	24.20	23.93	23.17
原油相对密度	0.9993	0.9995	0.9996
H_2S 脱出率/%	56.55	61.96	64.3

从表 3.11 中数据可知:①分离级数越多,分离后原油中的 H_2S 含量越小,原油的相对密度和 H_2S 脱除率则越大;②分离级数越多,原油的饱和蒸气压越小,越有利于原油稳定。

尽管随着分离级数的增多,原油中的 H_2S 含量减小、H_2S 脱除率增大,但在不断增加分离级数的同时,每级的 H_2S 含量降低幅度是逐渐减小的,同时整个分离设备的运行和投资是大幅上升的。因此，经国内外石油行业长期实践证明：对于一般油田，采用三级或四级分离经济效果最好。

2) 各级分离温度

分离温度对分离效果的影响如表 3.12 和图 3.15 所示。

表 3.12　分离温度对分离效果的影响

	分离温度							
	80℃	85℃	90℃	95℃	100℃	105℃	110℃	115℃
H_2S 含量/(mg/kg)	544.47	498.76	435.11	344.96	219.15	65.78	6.76	1.60
H_2S 脱除率/%	45.63	50.19	56.55	65.55	78.12	93.43	99.32	99.84
原油收率/%	99.344	99.299	99.234	99.126	98.899	97.903	91.742	87.168
原油蒸气压/kPa	35.85	29.37	23.17	17.31	12.00	6.96	4.07	2.96
原油相对密度	0.99875	0.999	0.9993	0.99969	1.0003	1.0014	1.006	1.0103

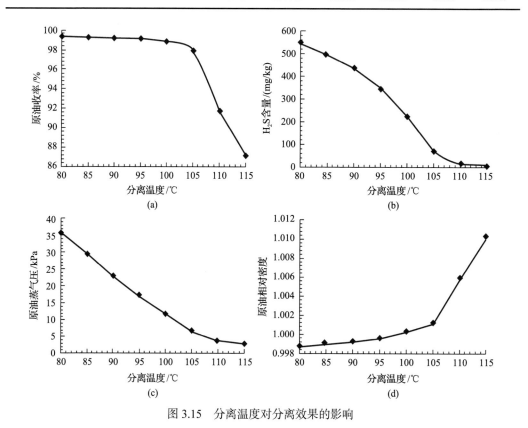

图 3.15　分离温度对分离效果的影响

从图 3.15 中可以看出，分离温度越高，分离后所得的原油收率越低，原油中的 H_2S 含量越少，原油蒸气压越低，原油相对密度越大。

3) 分离压力

分离压力对气液分离效果的影响关系如表 3.13 所示,可得如下结论:①原油中的 H_2S 含量随着分离压力的增大而增大,H_2S 的脱除率则表现出相反趋势,即随着分离压力的增大,H_2S 脱除率降低;②在分离压力为 0.12~0.28MPa 时,对原油的收率、饱和蒸气压和相对密度的影响基本可以忽略。

表 3.13 分离压力对分离效果的影响

	压力								
	0.12MPa	0.14MPa	0.16MPa	0.18MPa	0.2MPa	0.22MPa	0.24MPa	0.26MPa	0.28MPa
H_2S 含量/(mg/kg)	366.5	376.03	386.04	396.36	406.66	409.58	416.2	423.31	424.18
H_2S 脱出率/%	63.40	62.45	61.45	60.42	59.39	59.10	58.44	57.73	57.64
原油收率/%	99.20	99.213	99.222	99.23	99.23	99.23	99.23	99.24	99.244
原油蒸气压/kPa	23.37	23.38	23.39	23.44	23.58	23.72	23.86	23.99	24.13
相对密度	0.9995	0.9995	0.9995	0.9994	0.9994	0.9994	0.9994	0.9994	0.9994

若分离级数为 n,各级操作压力分别为 $p_1, p_2, \cdots, p_n$(绝对压力),按照经验公式(3.1)计算:

$$R_p = \frac{p_{i-1}}{p_i} = \left(\frac{p_1}{p_n}\right)^{1/n} \tag{3.1}$$

式中,R_p 为分离差系数。

式(3.1)是确定各级分离压力的简捷方法,也可以为优化各级分离压力提供计算初值。对于三级分离,模拟中所采用初始分离压力为 0.28MPa,最后一级分离压力为 0.12MPa,根据式(3.1)计算得出各级分离压力分别为:第一级分离压力为 0.208MPa,第二级分离压力为 0.144MPa,第三级分离压力为 0.10MPa。根据不同的第一级和第二级分离压力组合,采用式(3.1)计算结果数据表见表 3.14。

表 3.14 分离压力对原油收率的影响

第一级分离压力/MPa	第二级分离压力/MPa	原油收率/%
0.208	0.144	99.2416
0.25	0.2	99.2024
0.25	0.15	99.2338
0.2	0.15	99.2386

对多级分离工艺的分析表明:①分离温度越高,原油中的 H_2S 含量和原油收率会越少,原油蒸气压越小,相对密度越大;②分离级数越多,原油中的 H_2S 含量越多,而所

得到的原油的组成越合理，原油蒸气压越小，相对密度越小，原油收率越高；③分离压力的选择可根据要分离的物系的性质，利用式(3.1)的经验公式确定。

2. 气提脱硫技术

气提工艺就是采用分馏塔或提馏塔进行原油脱 H_2S，塔底注入天然气，气体向上流动过程中与向下流动的原油在塔板上逆流接触，由于气相内 H_2S 分压很低、液相内 H_2S 含量高，产生浓度差促使 H_2S 进入气相，降低原油内溶解的 H_2S 含量。

气提脱硫工艺模拟流程如图 3.16 所示，气提气组成如表 3.15 所示。气提油气分离方法的影响因素有很多，主要有物料的进塔温度、气提塔塔顶压力、气提气流量及塔板数等。

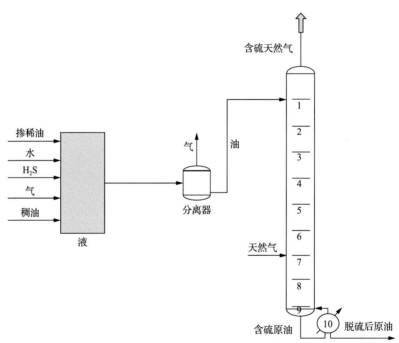

图 3.16 稠油气提脱硫工艺模拟流程图

1～9 为 1～9 层塔板；10 为塔底泵

表 3.15 气提气组成数据表 （单位：%）

甲烷	乙烷	丙烷	异丁烷	正丁烷	二氧化碳	氮气
75.0401	10.7267	0.4168	0.0014	0.0010	11.4021	2.4120

注：由于四舍五入，各组分之和可能存在一定误差。

1) 气提气流量的影响

气提气流量对气提脱 H_2S 效果的影响关系如表 3.16 所示。

表 3.16　气提气流量对气提脱 H₂S 效果的影响

	气提气流量						
	1000m³/h	1500m³/h	2000m³/h	2500m³/h	3000m³/h	3500m³/h	4000m³/h
H₂S 含量/(mg/kg)	498.03	384.89	275.66	177.5	100.44	50.846	23.893
H₂S 脱除率/%	50.27	61.56	72.47	82.27	89.97	94.92	97.61
原油收率/%	99.412	99.362	99.315	99.271	99.231	99.195	99.161
原油蒸气压/kPa	131.43	132.04	132.60	133.03	133.34	133.56	133.71
原油相对密度	0.9975	0.9977	0.9978	0.9979	0.9980	0.9981	0.9981
能耗/kW	182.85	268.9	353.82	436.59	517.59	597.05	675.06

从图 3.17 中可以看出：①气提气流量越大，原油中的 H₂S 含量越少。气提气流量增大，对塔内原油的携带作用增强，并且气提气的通入降低了塔内原油中 H₂S 在气相中的分压，产生浓度差促使 H₂S 进入气相。②随着气提气流量的增大，原油蒸气压和相对密度变化不是很大，但总的来说，原油蒸气压和相对密度都是随气提气流量的增加而增大的。气提气中含有 C₁～C₄组分，气提气的通入并不能明显降低 C₁～C₄在气相中的分压，因此原油中 C₁～C₄含量的多少主要受塔底加热温度的影响。在塔底加热温度一定的情况

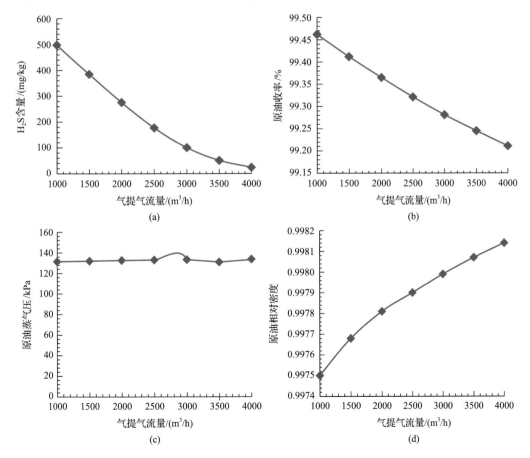

(a)　　　　　　　　　　　　　　(b)

(c)　　　　　　　　　　　　　　(d)

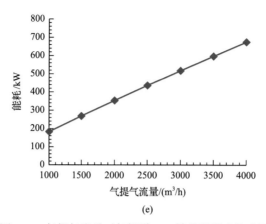

(e)

图 3.17　气提气流量对气提脱 H_2S 效果的影响关系图

下，原油中 $C_1 \sim C_4$ 的含量基本不变，并不随着通入的气提气流量的增大而减少，因此原油蒸气压和相对密度基本保持不变。③气提流程所需的能耗主要是塔底再沸器的加热能耗，此处塔底再沸器的加热温度都是 90℃，然而由于气提气流量不同，所需要加热的物质的总量就会不同，气提气流量越大，总能耗越多，并且原油收率越小，因此能耗越大。

2) 气提塔塔顶压力的影响

气提塔塔顶压力对气提脱 H_2S 效果的影响关系如表 3.17 所示。

表 3.17　气提塔塔顶压力对气提脱 H_2S 效果的影响

	气提塔塔顶压力				
	0.15MPa	0.20MPa	0.25MPa	0.30MPa	0.35MPa
H_2S 含量/(mg/kg)	97.132	276.39	410.02	498.17	555.76
H_2S 脱除率/%	90.30	72.40	59.06	50.25	44.50
原油收率/%	99.067	99.228	99.335	99.412	99.469
原油蒸气压/kPa	55.41	80.54	106.37	131.44	151.85
原油相对密度	0.9996	0.99882	0.99811	0.9975	0.9970
能耗/kW	536.35	338.71	239.61	182.79	147.09

从图 3.18 中可以看出：气提塔塔顶压力越高，原油中的 H_2S 含量越多，原油收率越大，并且原油蒸气压也越大，原油相对密度越小。

产生这种结果的原因如下。

(1)压力的大小会影响到各组分的相平衡常数，相平衡常数是物系温度和压力的函数，压力越高，相平衡常数越小，组分在气相中的含量会下降，在液相中的含量会上升，因此，原油收率会增大。

(2)轻组分与重组分相比，气提塔塔顶压力对重组分平衡常数的影响要小，因此，随着气提塔塔顶压力的增大，轻组分平衡常数会减小，而重组分平衡常数基本不变，这样，轻组分(包括 H_2S)在塔底原油中的含量会增大，而重组分含量基本保持不变，塔底原油中 H_2S 含量会随气提塔塔顶压力的升高而增大，并且原油蒸气压也会增大，由于轻组分含量增多，原油相对密度会减小。

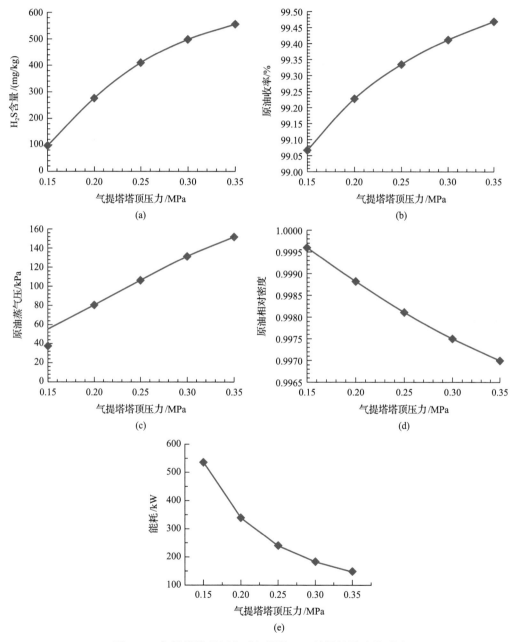

图 3.18　气提塔塔顶压力对气提脱 H_2S 效果的影响关系图

(3)在不同的气提塔塔顶压力下，塔底加热温度都为 90℃，所需的总能耗基本不变，而随着气提塔塔顶压力的升高，原油收率会增大，能耗会减小。

从上面的分析可以看出，气提塔塔顶压力的升高有利于提高原油收率，增加C_3、C_4等轻组分的收率，使原油相对密度降低；但却不利于原油中H_2S的脱除，气提塔塔顶压力将直接影响到气液相平衡关系，一般根据物系性质及脱硫要求来确定。需要注意的是，在塔底加热温度一定的条件下，要达到一定的脱硫效果，气提塔塔顶压力和气提气流量两者是相互影响的，气提塔塔顶压力越高，则需要的气提气流量越大。

3) 塔底加热温度的影响

塔底再沸器的加热温度对气提脱H_2S效果的影响如表3.18所示。

表 3.18 塔底再沸器加热温度对气提脱 H_2S 效果的影响

	塔底加热温度					
	90℃	92℃	94℃	96℃	98℃	100℃
H_2S 含量/(mg/kg)	498.01	494.07	490.1	485.99	481.92	477.61
H_2S 脱除率/%	50.27	50.66	51.06	51.47	51.88	52.31
原油收率/%	99.412	99.407	99.401	99.395	99.389	99.383
原油蒸气压/kPa	131.43	127.03	122.28	117.28	112.15	106.96
原油相对密度	0.9975	0.99757	0.99764	0.9977	0.99778	0.99785
能耗/kW	182.89	687.05	1192.8	1700.3	2209.1	2719.1

从图3.19中可以看出：塔底加热温度越高，原油中的H_2S含量越少，原油收率越小，原油蒸气压越小，原油相对密度越大。从图中能耗曲线可以看出，塔底加热温度越高，能耗比越大，塔底加热温度降低，则能耗减少。塔底加热温度在原油温度90℃以下时，是不需要对原油进行额外加热的，因此可以认为其能耗为0。

4) 塔板数的影响

气提塔的塔板数对气提脱H_2S效果的影响如表3.19所示。

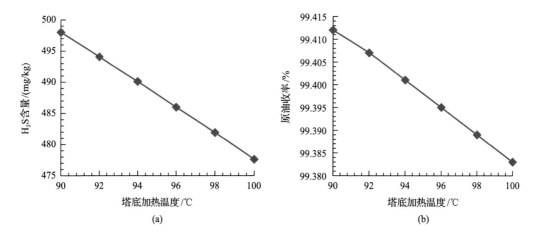

(a)   (b)

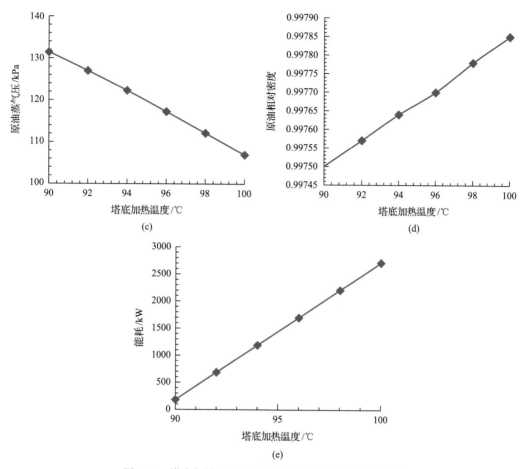

图 3.19 塔底加热温度对气提脱 H₂S 效果的影响关系图

表 3.19 塔板数对气提脱 H₂S 效果的影响

	塔板数						
	2	4	6	8	10	11	12
H_2S 含量/(mg/kg)	514.52	499.50	497.93	497.88	497.98	498.07	498.14
H_2S 脱除率/%	48.62	50.12	50.28	50.28	50.27	50.26	50.26
原油收率/%	99.4179	99.4129	99.4121	99.4121	99.4122	99.4123	99.4124
原油蒸气压/kPa	130.81	131.32	131.41	131.43	131.43	131.42	131.42
原油相对密度	0.9974	0.9975	0.9975	0.9975	0.9975	0.9975	0.9975
能耗/kW	178.9309	181.9091	182.5843	182.7375	182.8257	182.8468	182.8468

从图 3.20 中可以得出如下结论。

(1)塔板数越多,所得原油中 H₂S 含量先呈下降趋势,后趋于平衡;原油收率越小,而原油蒸气压和相对密度变化很小。总地来说,原油蒸气压随塔板数的增加有略微的增加,原油相对密度基本不变。

(2)塔板数的增多使油气在塔内有比较充分的时间接触，有利于 H_2S 从原油中析出。因此塔板数的多少对于脱 H_2S 效果的影响很大。而从前面的分析可知，由于气提气的通入，脱 H_2S 后原油蒸气压和相对密度受塔底加热温度的影响比较大，受其他操作参数的影响非常小。

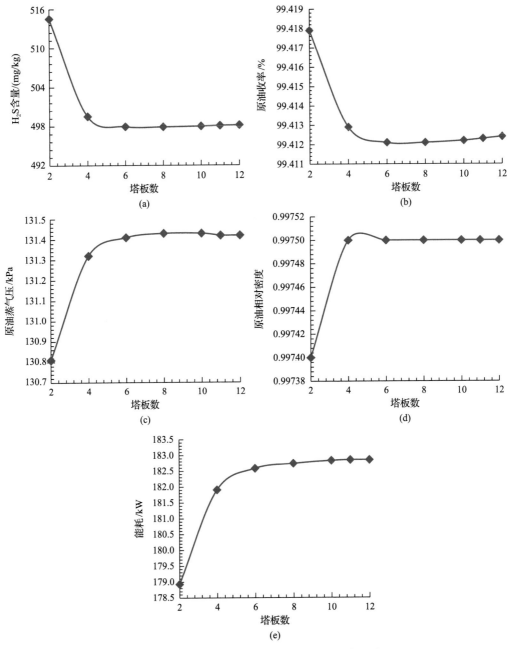

图 3.20　塔板数对气提脱 H_2S 效果的影响关系图

(3)塔板数越多，能耗越大。因为塔底加热温度都为 90℃，随着塔板数的变化，所需的总能耗是基本不变的，而随着塔板数的增多，原油收率是降低的，所以能耗会增大。

5）其他影响因素分析

模拟计算分析表明：气提气的压力对脱硫效果基本没有影响，但是由于气提气是靠与塔顶的压力差在塔内自下而上运动的，气提气的压力只要能保证气提气能顺利地从塔底流向塔顶即可，因此，气提气的压力至少要高于气提塔塔顶和塔底的压力。

通过对稠油气提油气分离方法的分析得到以下结论。

（1）气提工艺的主要影响因素有气提气流量、气提塔塔顶压力、塔底加热温度及塔板数。

（2）气提气流量越大、气提塔塔顶压力越低、塔底加热温度越高、塔板数越多，则气提后原油中的 H_2S 含量越少，而原油中 H_2S 含量减少的同时原油收率也会减少，能耗会增大。

（3）气提气流量和塔板数对原油蒸气压和相对密度的影响较小，它们主要受气提塔塔顶压力和塔底加热温度的影响，气提塔塔顶压力越高、塔底加热温度越低所得原油蒸气压越大，原油相对密度越小。

（4）气提塔塔顶压力、气提气流量及塔底加热温度是对原油中 H_2S 含量影响比较大的三个主要因素。在优化脱硫参数时，三个因素相互影响，在一定的气提塔塔顶压力下，可以有不同的气提气流量和塔底加热温度的组合以达到脱 H_2S 要求；同样，在一定的气提气流量下，可以有不同的气提塔塔顶压力和塔底加热温度的组合以达到脱 H_2S 要求。

3. 负压闪蒸技术

负压闪蒸主要是靠降低闪蒸压力，增加轻重组分的相对挥发度，使原油中的 H_2S 部分脱除。

负压闪蒸模拟流程如图 3.21 所示：原油经过初步气液分离后，经节流减压呈气液两相状态进入闪蒸罐，罐顶部与压缩机入口相连，气提塔塔顶压力一般为 0.05～0.07MPa 的负压。原油在塔内闪蒸，包括 H_2S 在内的易挥发组分在负压下析出进入气相，并从塔

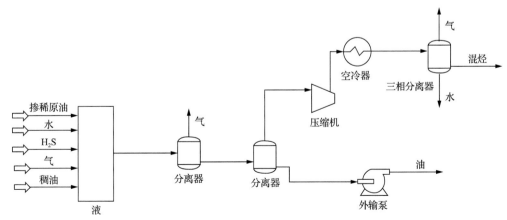

图 3.21 负压闪蒸模拟流程图

顶流出，经增压冷却后，在分离器中分出不凝气、凝析油(或称粗轻油)和采出水。由塔底流出的原油增压后送往下一级处理单元。

负压闪蒸方法的主要影响参数是闪蒸压力和操作温度。由图 3.22 可见，负压闪蒸过程中，操作温度和闪蒸压力对脱 H_2S 效果的影响十分显著，随着闪蒸压力的升高，原油中的 H_2S 含量会增多，然而所得原油收率也会增加，原油蒸气压增大，相对密度减小。在相同的闪蒸压力下，原油中的 H_2S 含量随操作温度的升高而减少，原油收率降低，原油蒸气压减小，相对密度增大。

如图 3.22 所示，在 80℃、90℃下进行闪蒸时，能耗比较低，而在 100℃下进行闪蒸时，所需要的能耗比大大升高。这是由于原油脱水温度为 90℃，在 90℃以下进行闪蒸时，基本不需要对原油另行加热，能耗主要考虑压缩机的能耗，而在 100℃下进行闪蒸时，要对原油进行加热，所需要的能耗包括压缩机的能耗和加热原油所需的能耗。负压闪蒸工艺主要是通过降低闪蒸压力达到原油脱 H_2S 目的，因此负压闪蒸最好能利用原油脱水温度进行，而不对原油另行加热。由于负压闪蒸不需要换热、加热设施，工艺简化，投资和能耗都比较低。

压缩机和冷却器是负压闪蒸装置耗能的主要单元。为了在经济上获得较高利益，常用负压闪蒸处理溶解气量少、所需汽化率小的重质原油，以减少压缩机功耗。

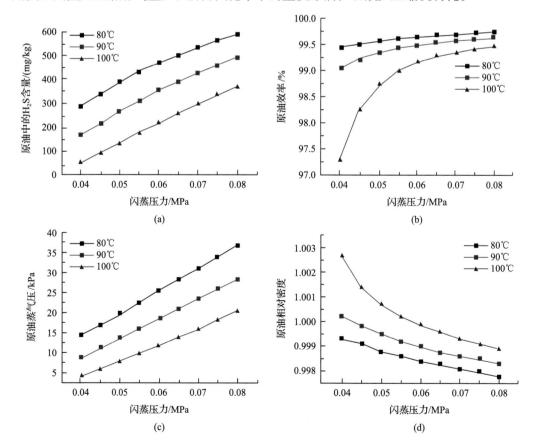

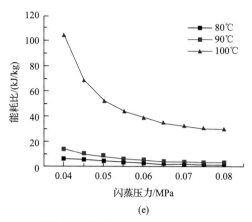

图 3.22 闪蒸压力和温度的影响

4. 三种脱硫方法适应性分析

通过对多级分离、气提脱硫、负压闪蒸三种脱 H_2S 方式的模拟计算分析,稠油脱 H_2S 的参考参数如下。

(1)多级分离方法采用三级分离:第一级分离压力为 0.208MPa,第二级分离压力为 0.144MPa,第三级分离压力为 0.1MPa,通过改变分离温度使分离后原油中的 H_2S 含量控制在 10~60mg/kg。

(2)负压闪蒸法:闪蒸压力为 0.06MPa,通过改变闪蒸操作温度使原油中的 H_2S 含量控制在 10~60mg/kg。

(3)气提脱硫方法:塔板数取为 10 层,气提气流量为 4500m³/h,气提塔塔顶压力取为 0.3MPa,改变塔底加热温度使原油中的 H_2S 含量控制在 10~60mg/kg。

由图 3.23 可以看出:①在原油脱 H_2S 效果方面,稠油气提脱硫效果最好, H_2S 含量小于 10mg/kg 满足要求[图 3.24(c)],并且增大气提气流量可以在取消塔底再沸器加热的条件下满足 H_2S 含量小于 10mg/kg 的要求(图 3.24)。②在原油收率方面,气提脱硫所得

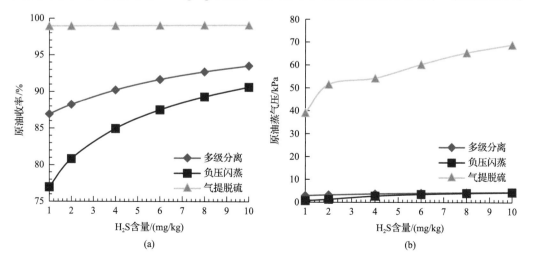

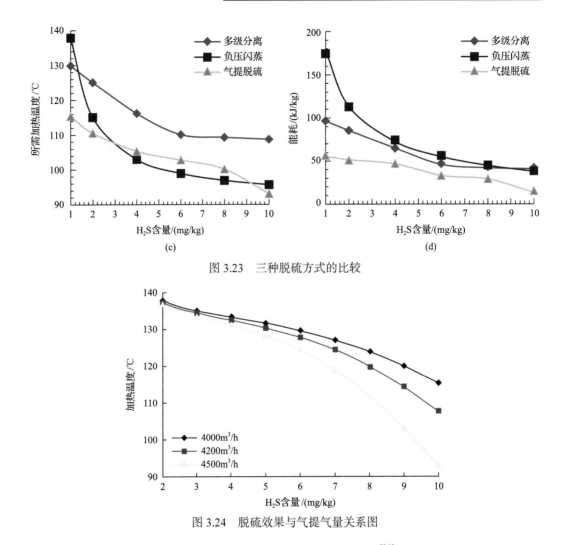

图 3.23　三种脱硫方式的比较

图 3.24　脱硫效果与气提气量关系图

的原油收率最高,并且所得原油相对密度较小,组成较合理[39]。而负压闪蒸法所得原油由于其中轻组分含量过少,原油相对密度相对较大,并且原油蒸气压过低,造成许多轻组分的浪费。③从能耗来看,负压闪蒸法压缩机消耗的能耗较大,并且原油压力降为负压,能量损失比较大;而多级分离和气提脱硫的能耗较低,并且气提工艺还可在 5500~7500m³/h 增加气提气流量,从而降低所需要的加热温度,能耗还可以更低,而且还可以取消塔底再沸器,既节省能耗又缩减了建设费用。

各工艺对比如表 3.20 所示,综合以上的主要指标可以得出:从原油脱 H_2S 效果、原油收率和原油相对密度方面考虑,气提脱硫法比较适合稠油脱除 H_2S。

5. 正压气提脱硫工艺应用

塔河油田二号联合站采用双塔脱硫工艺,进站含硫稠油经加热炉加热后进入新建的三相分离器,分离的含水原油进入新建的原油脱硫塔入口,原油脱硫后,塔底出口原油

表 3.20　各种脱硫分离工艺的比较

项目	脱 H_2S 效果	原油收率	原油蒸气压	能耗	使用条件
多级分离	较差	较高	低	低	含硫量高初级分离
旋流分离	较差	较低	低	高	初级分离黏度不是很大
负压闪蒸	好	低	低	高	来流含硫量低后期分离
气提脱硫	好	高	高	低	通用性好，要求脱硫效果好

进入一次、二次沉降罐沉降脱水，初步脱水后的原油经脱水泵提升进入脱水加热炉加热后进入净化罐储存外输。

脱硫塔气提气进入天然气净化处理系统进行脱硫、轻烃回收等净化处理。

该技术于 2009 年在塔河油田二号联合站成功应用，如表 3.21 所示，2009 年脱硫塔出口 H_2S 含量平均为 27.9mg/kg，H_2S 脱除率为 81.1%，2010 年脱硫塔出口 H_2S 含量平均为 29.9mg/kg，H_2S 脱除率为 80.6%。为保障后续集输处理过程中安全性，在外输过程中仅需加注少量脱硫剂。

表 3.21　气提脱硫工艺运行效果

年份	脱硫塔入口		脱硫塔出口		H_2S 脱除率/%
	H_2S 含量/(mg/L)	饱和蒸气压/kPa	H_2S 含量/(mg/L)	饱和蒸气压/kPa	
2009	148	135	27.9	76.2	81.1
2010	154	143	29.9	75.4	80.6

6. 负压气提脱硫与稳定一体化技术

由于正压气提脱硫工艺脱硫后原油中硫化氢含量大于 20mg/kg，原油蒸气压大于 60kPa，还需进一步提高脱硫效率和稳定深度。因此，在正压气提脱硫工艺的基础上，通过试验分析和数值模拟的方法，提出了负压气提脱硫与稳定一体化技术，并在塔河油田推广应用。

以 PROII 软件模拟为基础，对脱硫塔运行参数进行调整，分析了正压气提脱硫工艺和负压气提脱硫与稳定一体化工艺在不同混合轻烃收率、H_2S 含量、气提气用量、不凝气量、损耗率等方面的对比情况，以塔河油田二号联合站原油为对象，选取接近装置目前工况的相同的原油量(11805.62t/d)、相同的水量(2604.19t/d)、相同的 H_2S 含量(2900kg/d)作为基础数据进行模拟分析。

1)混合轻烃收率对比

混合轻烃收率对比见表 3.22，采用负压气提脱硫与稳定一体化工艺，混合轻烃收率是正压气提脱硫工艺的 500 倍左右。

2)H_2S 含量对比

相同气提气用量条件下，稳定原油、脱除气、混合轻烃、不凝气中 H_2S 含量对比见表 3.23。

表 3.22　混合轻烃收率对比表 （单位：t/万 t 原油）

序号	工艺类别	混合轻烃收率
1	正压气提脱硫工艺	0.13
2	负压气提脱硫与稳定一体化工艺	65.48

表 3.23　H$_2$S 含量对比表 （单位：mg/kg）

序号	名称	正压气提脱硫工艺	负压气提脱硫与稳定一体化工艺
1	稳定原油 H$_2$S 含量	160.427	3.634
2	脱除气 H$_2$S 含量	18665.26	6198.362
3	混合轻烃 H$_2$S 含量	656.621	749.499
4	不凝气 H$_2$S 含量	21221.35	26177.97

通过表 3.23 可知，采用负压气提脱硫与稳定一体化工艺，脱除原油 H$_2$S 效果与正压气提脱硫工艺相比有大幅度的增加，其中采用负压气提脱硫与稳定一体化工艺的稳定原油 H$_2$S 含量为 4mg/kg 左右，而采用正压气提脱硫工艺的原油 H$_2$S 含量为 160mg/kg 左右。

3）气提气用量对比

在保证稳定原油 H$_2$S 含量达到设计值 20mg/kg 情况下，所需气提气用量对比见表 3.24。

表 3.24　气提气用量对比表 （单位：万 m^3/万 t 原油）

序号	名称	正压气提脱硫工艺	负压气提脱硫与稳定一体化工艺
1	气提气用量	14.5	0.4

通过表 3.24 可知，采用负压气提脱硫与稳定一体化工艺气提气用量与正压气提脱硫工艺相比大幅降低，即每处理 1 万 t 原油，负压气提脱硫与稳定一体化工艺比正压气提脱硫工艺节约气提气用量约 14 万 m^3，可降低气提气循环处理量。

4）不凝气量对比

在保证稳定原油 H$_2$S 含量达到设计值 20mg/kg 情况下，不凝气量对比见表 3.25，可知采用负压气提脱硫与稳定一体化工艺不凝气量与正压气提脱硫工艺相比略多，即每处理 10^4t 原油，负压气提脱硫与稳定一体化工艺比正压气提脱硫工艺多产出约 10000m^3 不凝气。

表 3.25　不凝气量对比表 （单位：万 m^3/万 t 原油）

序号	名称	正压气提脱硫工艺	负压气提脱硫与稳定一体化工艺
1	不凝气量	0.222	1.174

5）损耗率对比

存在于原油中的混合轻烃组分如果不进行回收，在储存、销售过程中会大量闪蒸损耗。有关资料介绍，原油稳定前后，油气蒸发损耗相差 1%～2%，每处理 1 万 t 原油，蒸发损失相差 100t 左右。

通过负压气提脱硫与稳定一体化工艺和正压气提脱硫(稳定)工艺的分析对比发现，采用负压气提脱硫与稳定一体化工艺，混合轻烃收率大大提高、稳定原油 H_2S 含量有所降低、气提气用量及循环处理量大幅减少。从塔河油田四号联合站目前应用效果来看，每年可提高混烃产量 1.7 万 t，减少气提气循环处理量 3640 万 m^3，降低原油蒸发损耗 2.6 万 t。

3.3.3 现场应用

负压气提脱硫与稳定一体化技术于 2013 年 4 月在塔河油田四号联合站首次成功应用。截至目前，该技术已在塔河油田一号联合站、二号联合站、三号联合站等 7 座站场成功应用。其中部分站场的现场应用情况见表 3.26。该工艺的成功应用为塔河油田的原油稳定及脱硫工艺发展奠定了基础，相比正压气提脱硫工艺，负压气提脱硫与稳定一体化工艺每年可提高混烃产量 3.7 万 t，减少气提气循环处理量 8430 万 m^3，减少脱硫剂加注 5000t/a，年经济效益达 16593 万元。

表 3.26 负压气提脱硫与稳定一体化技术在塔河油田的应用情况

站场	类别	设计规模/(t/d)	塔顶压力/kPa	混烃产量/(t/d)	气提气用量/(m³/d)	H_2S 脱除率/%	投产时间
四号联合站	设计	7123	−40	—	10000	84.6	2013 年 4 月
	实际	8219	−30	48	7200	80.4	
跃进 2	设计	330	−40	—	6240	96.4	2015 年 11 月
	实际	481	−32	6	1680	95.3	
二号联合站	设计	10000	−40	—	10000	—	2016 年 5 月
	实际	8822	−30	53.1	9600	82.8	
顺北 1	设计	330	−40	—	2000	83.3	2017 年 1 月
	实际	551	−20	8.1	1440	82.9	
一号联合站	设计	4100	−30	17	3000	—	2017 年 7 月
	实际	3010	−20	24	3192	—	

注："—"表示未给出设计值。

3.4 混烃分馏脱硫技术

3.4.1 技术背景

塔河油田 10 区、12 区的油气高含 H_2S，部分区块油田伴生气中 H_2S 质量浓度最高可达 128000mg/m^3，进入轻烃处理站的伴生气中 H_2S 质量浓度平均达到 35000mg/m^3，原

油中 H_2S 质量浓度高达 1900mg/L。原油脱硫采用负压气提脱硫工艺，原油中 H_2S 随气提气进入气相，冷凝后产生的混烃 H_2S 含量高达 0.68%，有机硫含量为 0.22%，需进行脱硫处理。

国内油田混烃脱硫技术鲜有报道，主要为炼化厂轻烃、溶剂油、液化石油气(LPG)脱硫。常见的油品脱硫工艺包括碱洗脱硫、氧化脱硫、加氢脱硫、生物氧化脱硫、吸附脱硫、萃取脱硫、膜分离等。碱洗脱硫工艺简单、投资小，但存在处理成本较高、产生的高含硫废水难以处理等问题，其他化学脱硫工艺不仅处理成本高，而且所需装置费用高。吸附脱硫主要用锌系、铁系、锰系的氧化物及活性炭(AC)和改性活性炭吸附剂，操作费用较低，但主要用于含硫较低的油品。萃取脱硫法在 LPG 脱硫中应用较为广泛，具有脱除效率高、操作费用低等优点，尤其适用于 H_2S 的脱除，但由于混烃中成分较为复杂，重烃含量较高，影响萃取剂再生。

为了保障混烃在储运过程中的安全性，塔河油田前期采用了碱洗脱硫技术，可实现混烃总硫达标，但碱洗脱硫产生的碱渣硫化物量大，处理难度大。为此塔河油田创新提出了混烃分馏脱硫技术，现场应用取得了较好的效果。

3.4.2 混烃脱硫工艺

1. 混烃碱洗脱硫工艺

1)现有工艺流程简介

天然气进站分离后的凝液、原油负压脱硫气提气凝液及 1 号脱丁烷塔塔底轻烃混合后依次进入碱洗罐、水洗罐和分水罐，脱硫后的混烃再进入 2 号脱丁烷塔进行稳定处理，其主要目的是脱除混合轻烃中的部分 C_3/C_4 组分，保证产品轻烃的蒸气压达标。塔底稳定轻烃进入储罐，塔顶气为液化气，冷却后进入储罐。具体工艺流程见图 3.25。

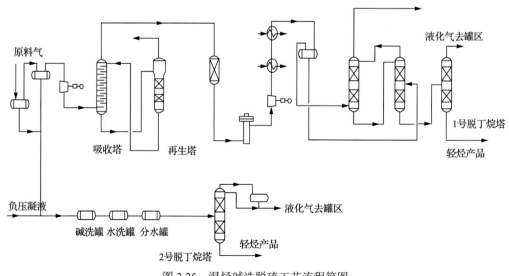

图 3.25 混烃碱洗脱硫工艺流程简图

2)碱洗工艺存在问题

塔河油田混烃经碱洗、脱丁烷塔分馏后，稳定轻烃产品平均总硫为 0.03%，满足轻烃产品标准要求［《稳定轻烃》(GB 9053—2013)］，但碱消耗量大(2t/d)，产生碱渣多(4t/d)，碱渣中硫化物质量浓度高达 51899.26mg/L，化学需氧量为 94525.00mg/L，总溶解固体质量浓度为 59.35g/L，氨氮质量浓度为 16000.00mg/L，各项污染指标极高，处理难度极大，处理成本高。

碱洗脱硫工艺主要脱除混烃中的 H_2S 和有机硫，其中 H_2S 占总耗碱量的 75%，硫醇(RSH)占总耗碱量的 25%。混烃碱洗处理前后硫含量及碱洗废液污染物分析分别如表 3.27 和表 3.28 所示。

表 3.27　混烃碱洗处理前后硫含量对比表　　　　　(单位：%)

名称	混烃碱洗前	混烃碱洗后
H_2S	0.68523	0.00005
甲硫醇	0.17876	0.02100
乙硫醇	0.02085	0.00730
异丙硫醇	0.00258	0.00095
正丙硫醇	0.00228	0.00084
甲硫醚	0.00000	0.00000
二甲基硫醚	0.00705	0.00708
羰基硫	0.00119	0.00119
二硫化碳	0.00089	0.00090
噻吩	0.00020	0.00020
合计	0.90	0.04

表 3.28　碱洗废液污染物分析表

项目	pH	ρ(硫化物)/(mg/L)	化学需氧量/(mg/L)	ρ(总溶解固体)/(g/L)	ρ(氨氮)/(mg/L)
1#样品	10.68	52151.20	108250.00	62.00	18428.57
2#样品	10.73	51647.32	80800.00	56.70	13571.43
平均	10.71	51899.26	94525.00	59.35	16000.00

注：ρ 表示质量浓度。

2. 混烃分馏脱硫工艺

塔河油田采用了碱洗脱硫技术，但运行成本较高，产生的碱渣硫化物量大，高达51899.26mg/L，处理难度大。因此，塔河油田又提出了混烃分馏脱硫技术。

1)流程改进

通过对现场流程进行分析，提出如下改进思路：1 号脱丁烷塔的稳定轻烃和负压脱硫气提凝液混合后先不进入碱洗流程，直接进入 2 号脱丁烷塔，利用分馏原理将 H_2S 和部分甲硫醇随液化气由塔顶带出，含硫液化气进入天然气处理系统进行脱硫处理；2 号脱丁烷塔塔底产生的稳定轻烃再经碱洗流程碱洗后进入储罐。具体流程如图 3.26 所示。

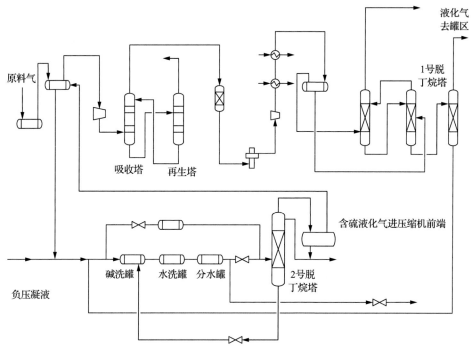

图 3.26　混烃分馏脱硫工艺改进流程图

2) 混烃分馏脱硫模拟分析

为分析不同操作条件下的分馏脱硫效果，利用 ProMax 模拟软件进行模拟分析，模拟条件：不同混烃进塔温度、混烃进塔压力、塔底再沸温度，塔高 17.40m，直径 0.8m，填料装填量 4.02m^3，塔顶无回流，直接进入天然气处理系统。

(1) 混烃进塔温度对分馏效果的影响。

在进塔压力为 720kPa，塔底再沸温度为 130℃条件下，混烃进塔温度对分馏效果的影响如表 3.29 所示。由分析结果可知，进塔温度越低，塔底混烃中 H_2S 和 C_3 含量越低，表明较低温度进塔有利于混烃中易挥发组分的分离；混烃进塔温度越高，混烃中较重组分进入塔顶气量越大，塔底轻烃流量越少。

表 3.29　混烃进塔温度对分馏效果的影响

进塔温度 /℃	塔底稳定混烃中 H_2S 含量 /%	塔底混烃流量 /(kg/h)	混烃饱和蒸气压 /kPa	塔顶气量 /(kg/h)	塔底混烃中 C_3 含量 /(kg/h)
40	0.000001	2688.31	80.89	20.69	10.50
45	0.000002	2687.61	80.91	21.63	10.61
50	0.000003	2686.97	80.93	22.78	10.74

续表

进塔温度 /℃	塔底稳定混烃中 H_2S 含量 /%	塔底混烃流量 /(kg/h)	混烃饱和蒸气压 /kPa	塔顶气量 /(kg/h)	塔底混烃中 C_3 含量 /(kg/h)
55	0.000004	2686.35	80.94	24.18	10.87
60	0.000006	2685.77	80.96	25.90	11.01
65	0.000010	2685.22	80.98	28.03	11.16
70	0.000017	2684.71	80.99	30.70	11.31
75	0.000029	2684.24	81.01	34.08	11.47
80	0.000055	2683.82	81.02	38.41	11.62

(2) 混烃进塔压力对分馏效果的影响。

在混烃进塔温度为 40℃，塔底再沸温度为 130℃条件下，混烃进塔压力对分馏效果的影响如表 3.30 所示。由分析结果可知，混烃进塔压力越低，塔底混烃中 H_2S 和 C_3 含量越低；混烃进塔压力越高，混烃中较轻组分分离效果相比越差，塔底稳定混烃饱和蒸气压及 C_3 含量越高。

表 3.30　混烃进塔压力对分馏效果的影响

进塔压力 /kPa	塔底稳定混烃中 H_2S 含量 /%	塔底混烃流量 /(kg/h)	混烃饱和蒸气压 /kPa	塔顶气量 /(kg/h)	塔底混烃中 C_3 含量 /(kg/h)
580	0.0000000000	2556.92	56.59	295.80	0.00
600	0.0000000000	2579.69	59.86	225.13	0.00
620	0.0000000000	2600.75	63.24	178.09	0.00
640	0.0000000000	2621.47	66.64	131.45	0.00
660	0.0000000001	2642.25	70.05	86.79	0.00
680	0.0000000008	2663.93	73.43	48.54	0.01
700	0.0000002153	2677.73	77.11	31.82	4.47
720	0.0000014393	2688.31	80.89	20.69	10.50

(3) 塔底再沸温度对分馏效果的影响。

在混烃进塔温度为 40℃，混烃进塔压力为 580kPa 条件下，塔底再沸温度对分馏效果的影响如表 3.31 所示，可知塔底再沸温度越高，塔底混烃中 H_2S 和 C_3 含量越低，但随着塔底再沸温度的升高，混烃中进入气相的组分越多，塔底稳定轻烃流量越低。

表 3.31　不同塔底再沸温度对分馏效果的影响

塔底再沸温度 /kPa	塔底稳定轻烃中 H_2S 含量 /%	塔底稳定轻烃流量 /(kg/h)	混烃饱和蒸气压 /kPa	塔顶气量 /(kg/h)	塔底稳定轻烃中 C_3 含量 /(kg/h)
115	0.0000055214	2739.75	89.25	8.23	14.23
120	0.0000001440	2676.33	77.29	32.69	4.95
125	0.0000000000	2616.50	66.47	125.63	0.00
130	0.0000000000	2556.92	56.59	295.80	0.00
135	0.0000000000	2448.13	52.96	671.87	0.00

· 67 ·

(4)操作条件优选。

由前述分析可知，混烃进塔温度和压力越低，塔底再沸温度越高，对混烃脱硫越有利。由于在实际运行中产生的混烃进塔温度为 40℃，塔顶气进入天然气处理系统需要一定的压力，同时进塔也需要一定的压力，塔底再沸温度越高，所需能耗越高。为此，结合《稳定轻烃》(GB 9053—2013)中相关技术要求，确定操作条件：混烃进塔温度 40℃，进塔压力 0.68kPa，塔底再沸温度 125℃，在此条件下，模拟数据如表 3.32 所示。

表 3.32　分馏前后混烃和稳定轻烃组分表　　　　　　　　　　　(单位：%)

组分名称	分馏前混烃	分馏后稳定轻烃	塔顶气
C_3H_8	1.762016	0.07184	39.90803
i-C_4	1.682377	1.48057	18.49711
n-C_4	8.222741	1.16393	28.46746
i-C_5	9.835434	10.62474	3.07195
n-C_5	16.85363	15.53248	1.31138
C_6	26.42028	18.11184	0.00550
n-C_7	18.50614	22.57172	0.00002
n-C_8	8.103282	15.80873	0.00000
n-C_9	5.057085	9.08625	0.00000
n-C_{10}	1.911339	3.37599	0.00000
n-C_{11}	0.497745	1.31307	0.00000
n-C_{12}	0.199098	0.47358	0.00000
n-C_{13}	0.03982	0.16584	0.00000
n-C_{14}	0.009955	0.07779	0.00000
H_2S	0.68523	0.00000	8.14096
甲硫醇	0.17876	0.0267	0.58846
乙硫醇	0.02085	0.0147	0.00560
异丙硫醇	0.00258	0.00258	0.00011
正丙硫醇	0.00228	0.00230	0.00007
甲硫醚	0.00000	0.00000	0.00000
二甲基硫醚	0.00705	0.00706	0.00000
羰基硫	0.00119	0.00119	0.00000
二硫化碳	0.00089	0.00090	0.00000
噻吩	0.00020	0.00021	0.00000

由表 3.32 可知，经脱丁烷塔分馏后，混烃中的 H_2S、甲硫醇、乙硫醇脱除率分别为100%、85%、29%，总硫质量分数由 0.90%降低至 0.06%。分馏处理后饱和蒸气压为76.34kPa。根据《稳定轻烃》(GB 9053—2013)中对 1 号产品的要求，蒸气压满足 74～200kPa 要求，总硫满足小于 0.05%要求。

3.4.3　现场应用

为解决混烃碱洗脱硫存在的系列问题，2018 年在塔河油田三号联合站轻烃站应用了混烃分馏脱硫技术。表 3.33 为 2017 年 7～12 月采用混烃分馏技术的脱硫效果分析，H_2S 脱除率约为 100%，总硫质量分数由 0.882%降低至 0.039%，总硫脱除率为 95.58%。混烃分馏脱硫工艺为物理处理工艺，替代了常规碱洗脱硫工艺，避免了废碱液的产生，解决了碱洗脱硫工艺碱耗量大、废碱液产生量大、处理成本高的问题，混烃脱硫成本由 180 元/t 降低至 2 元/t，避免了废碱液的产生，实现了高含硫混烃低成本、环保处理。该技术已在塔河油田得以应用。

表 3.33　混烃分馏脱硫应用效果评价表　（单位：质量分数，%）

日期	混烃总硫		H_2S		甲硫醇		乙硫醇		总硫脱除率
	脱除前	脱除后	脱除前	脱除后	脱除前	脱除后	脱除前	脱除后	
2018 年 7 月	0.882	0.040	0.612	0.000	0.121	0.018	0.019	0.133	95.5
2018 年 8 月	0.872	0.036	0.596	0.000	0.132	0.020	0.017	0.119	95.9
2018 年 9 月	0.901	0.041	0.624	0.000	0.156	0.023	0.015	0.105	95.4
2018 年 10 月	0.892	0.037	0.642	0.000	0.134	0.020	0.020	0.140	95.9
2018 年 11 月	0.821	0.037	0.611	0.000	0.124	0.019	0.018	0.126	95.5
2018 年 12 月	0.823	0.039	0.598	0.000	0.113	0.017	0.014	0.098	95.3

第4章 塔河油田天然气处理新技术及应用

塔河油田天然气包括油田伴生气和凝析气两种，2018年天然气产量为16.12亿m^3，其中伴生气产量为5.75亿m^3，凝析气产量为10.37亿m^3。

伴生气为油井采油过程中产出的天然气，普遍含H_2S，地理上从东至西、从南至北H_2S含量逐渐升高，最高可达45000mg/m^3，伴生气集输压力低（<1.0MPa），最终集输至轻烃站统一处理。

凝析气为凝析气藏采出气，包括9区、S3集气站、大涝坝和雅克拉4个凝析气藏，集输压力高（3~6MPa）。9区凝析气藏油气物性差，天然气含硫（500mg/m^3），凝析油高含蜡，地层水矿化度高。S3集气站、大涝坝和雅克拉3个气藏油气物性较好，基本不含硫，但是天然气中汞含量较高。

因此，针对伴生气中H_2S含量高的问题，以及凝析气藏中高含蜡和含汞的问题，开展了天然气脱有机硫、脱烃、脱汞等研究，形成了高效复合脱硫（UDS）溶剂有机硫脱除、天然气脱汞及超音速分离等技术。

4.1 塔河油田天然气处理技术概况

4.1.1 天然气净化技术

天然气净化[40]主要为脱除天然气中的H_2S和CO_2，满足《天然气》（GB 17820—2018）的气质要求。塔河油田天然气净化包括源头净化和轻烃站站内集中净化。

1. 源头净化

源头净化的主要目的是脱除伴生气中的H_2S，从源头解决H_2S腐蚀问题，应用于硫容低、潜硫量在0.2t以下的小规模脱硫，主要在接转站应用，采用干法脱硫工艺，如图4.1和图4.2所示。

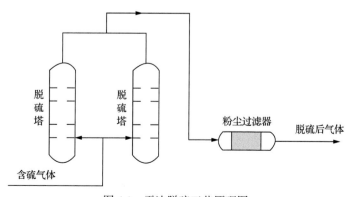

图4.1 干法脱硫工艺原理图

图 4.2　干法脱硫现场图

　　干法脱硫是采用固体脱硫剂对气体进行脱硫。塔河油田天然气干法脱硫[41]采用氧化铁法脱硫，需定期更换脱硫剂，被更换掉的脱硫剂由专业公司回收并进行无害化处理。

2. 轻烃站站内集中净化

　　集输站场和联合站产生的天然气集中至轻烃站集中处理，塔河油田脱硫脱碳处理主要采用甲基二乙醇胺(MDEA)脱硫工艺，如图 4.3 所示。

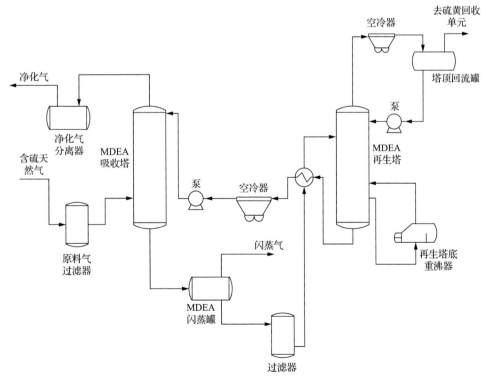

图 4.3　MDEA 脱硫工艺流程图

流程描述：进站原料气经过分离后进入 MDEA 吸收塔的下部，与由塔上部进塔的 MDEA 贫液逆流接触，天然气中几乎全部硫化氢及部分二氧化碳组分被 MDEA 贫液吸收进入液相从而被脱除；脱硫后的天然气经净化气分离器分离后进入后续处理单元。吸收塔底部产生的 MDEA 富液自塔底排出，在再生塔进行再生，再生出的 MDEA 贫液循环使用，再生出的富含 H_2S 和 CO_2 的酸性尾气进入尾气处理单元，如图 4.4 所示。

图 4.4　MDEA 脱硫工艺现场图

4.1.2　天然气脱烃技术

根据原料气 C_{3+} 含量的不同，贫气采用浅冷脱烃工艺，富气采用深冷脱烃工艺。

1. 浅冷脱烃工艺

如图 4.5 所示，该工艺主要在塔河油田 9 区净化站、S3 集气站、YT 集气站进行应用，制冷温度在–30～–15℃，原料气制冷后，里面的混烃和水冷凝出来，使处理后的天然气的水露点和烃露点满足国家商品气要求。

天然气制冷主要采用节流+丙烷制冷工艺，前期充分利用地层能量，以节流制冷为主，后期以丙烷制冷为主。为防止产生水合物，常添加水合物抑制剂，S3 集气站和桥古集气站采用注甲醇，9 区净化站采用注乙二醇，同时配套乙二醇回收系统。制冷后产生的含水混烃通过脱水分离器脱水后外销，脱除的采出水处理合格后回注。

2. 深冷脱烃工艺

制冷温度低于–70℃，根据进站天然气压力的不同，原料气体进站压力高(一般大于5.0MPa)时，采用膨胀制冷；进站压力低(<1.0MPa)时，通过原料气压缩机增压后采用丙烷辅冷+膨胀制冷。

1)高压进站——膨胀制冷

雅克拉集气处理站和大涝坝集气处理站进站压力大于 5.0MPa，采用透平膨胀机制冷

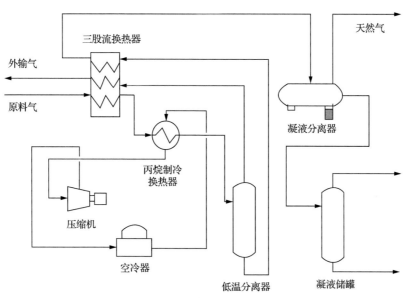

图 4.5　浅冷脱烃工艺原理流程

的典型流程。原料气进入装置后经进站分离、分子筛脱水后，在主冷箱预冷至低温，以保证进入透平膨胀机的气体温度足够低，达到预期的膨胀制冷效果。从主冷箱出来的低温气(一般为-60～-30℃)进入一级分离器分出凝液，气体进入透平膨胀机绝热膨胀同时对外做功，此时压力降低(大约在 1.0MPa 以下)，温度也降至-120～-60℃。最终处理合格干气通过膨胀机增压端增压后外输，如图 4.6 所示。

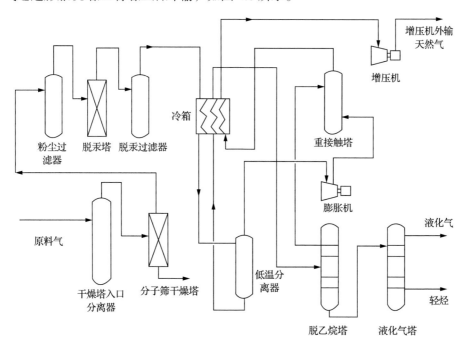

图 4.6　膨胀制冷工艺流程

利用天然气深冷工艺产生的天然气凝液进一步生产轻烃和液化气，需要采用分馏工艺，塔河油田采用重接触塔(DHX)工艺。分馏装置设有重接触塔、脱乙烷塔、液化气塔，生产轻烃、液化气产品。

2)低压进站——原料气压缩机增压后采用丙烷辅冷+膨胀制冷

塔河油田一号、二号、三号联合站轻烃站进站压力低(0.2～0.5MPa)，采用原料气压缩机增压后的丙烷辅冷+膨胀制冷工艺，如图4.7所示。

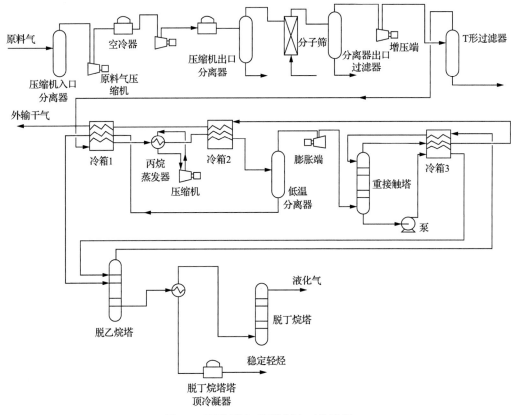

图4.7 丙烷辅冷+膨胀制冷工艺流程

低压原料气经分离器除去油、水和杂质后，再采用压缩机增压。为达到所需的制冷温度，须保证一定的膨胀比，为此增压压缩机出口压力一般在2.5～4.0MPa。增压后的气体进入分子筛干燥器脱水，然后在主冷箱预冷至低温，以保证进入透平膨胀机的气体温度足够低，达到预期的膨胀制冷效果。从主冷箱出来的低温气(一般为-60～-30℃)进入一级分离器分出凝液，气体进入透平膨胀机绝热膨胀的同时对外做功，此时压力降低(大约在1.0MPa以下)，温度也降至-120～-60℃。

4.1.3 尾气处理技术

来自MDEA脱硫装置的尾气主要含有H_2S、CO_2和H_2O及少量CH_4等烃类，须进行尾气处理。经计算，塔河油田各天然气处理站尾气中潜硫量在2～10t/d，根据国内外的经验，适宜选择氧化还原法硫黄回收工艺。塔河油田主要采用中国石化集团南京设计院的络合铁工艺和自循环络合铁工艺。

1）络合铁工艺

中国石化南京设计院络合铁脱硫技术是一种以铁为催化剂的湿式氧化还原法脱除气体中硫化物的方法，其特点是可以一步将 H_2S 转变成元素 S，H_2S 脱除率达 99.5%以上。它适用于 H_2S 浓度较低或 H_2S 浓度较高但气体流量不大的场合。在硫产量小于 20t/d 时，该工艺的设备投资和操作费用具有较大优势，更重要的优点是该工艺在脱除硫化物过程中几乎不受气源中 CO_2 含量的影响，能达到非常高的净化度。

（1）主要催化剂、化学品规格。

纯碱、碳酸氢钠、络合铁试剂。

（2）工艺原理。

络合铁法采用碱性水溶液吸收硫化物，H_2S 气体与碱发生反应生成 HS^-，将高价态铁离子还原成低价态铁离子，将 HS^- 转化成 S。在络合铁再生过程中，低价态的络合铁溶液与空气接触氧化成高价态络合铁溶液，恢复氧化性能，溶液循环吸收硫化氢气体。其主要反应如式（4.1）～式（4.5）所示。

碱性水溶液吸收 H_2S、CO_2：

$$Na_2CO_3 + H_2S \longrightarrow NaHCO_3 + NaHS \tag{4.1}$$

$$Na_2CO_3 + CO_2 + H_2O \longrightarrow 2NaHCO_3 \tag{4.2}$$

析硫过程：

$$2Fe^{3+}(络合态) + HS^- \longrightarrow 2\,Fe^{2+}(络合态) + S\downarrow + H^+ \tag{4.3}$$

再生反应：

$$2\,Fe^{2+}(络合态) + 1/2O_2 + H^+ \longrightarrow 2Fe^{3+}(络合态) + OH^- \tag{4.4}$$

$$2NaHCO_3 \longrightarrow Na_2CO_3 + CO_2 + H_2O \tag{4.5}$$

（3）工艺流程。

含硫化氢气体与络合铁脱硫液通过预脱硫塔在喷射器内将气液两相混合，并不断地更新接触面积，气液两相进入预脱硫塔下部分离段，气相分离液滴进入吸收塔，经喷淋段和填料段吸收后变为净化的天然气或尾气。

络合铁脱硫富液自预吸收塔及二级吸收塔底部汇集进入富液槽，经富液泵打入再生槽顶部的喷射器，与自吸进入喷射器的空气充分混合，反应后进入再生槽，在再生槽内进一步氧化再生，再生后的贫液从再生槽上部溢流进入贫液槽，由贫液泵升压送入预脱硫塔、二级吸收塔循环吸收，其原理和工艺装置如图 4.8 和图 4.9 所示。

再生槽内析出的元素硫悬浮于再生槽顶部的环形槽内，并溢流进入硫泡沫槽，再由硫泡沫泵送入过滤机，经过滤机过滤后，硫黄装车外送。

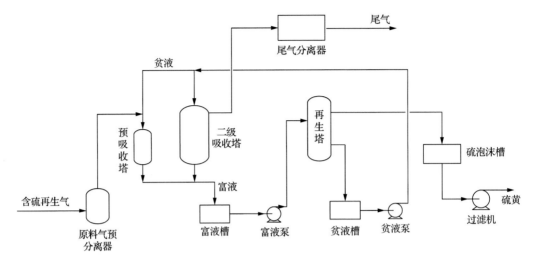

图 4.8　络合铁尾气处理工艺流程图

图 4.9　络合铁工艺装置图

2) 自循环络合铁工艺

(1) 工艺原理。

该工艺集脱硫与硫黄回收于一体，吸收和再生均可在常温下进行，且在脱除 H_2S 过程中不受 CO_2 含量高低的影响，其反应过程可分两个阶段，反应式如下。

H_2S 的吸收：

$$H_2S + 2Fe^{3+} \longrightarrow 2Fe^{2+} + 2H^+ + S \tag{4.6}$$

亚铁离子再生：

$$1/2O_2 + H^+ + 2Fe^{2+} \longrightarrow OH^- + 2Fe^{3+}$$

总的反应为

$$H_2S + 1/2O_2 \longrightarrow H_2O + S \tag{4.7}$$

在整个反应过程中，铁既不生成也不消耗，只起到转移电子的作用。

(2) 配套药剂。

自循环络合铁工艺所需化学药剂：铁氧化剂、螯合剂稳定剂、细菌抑制剂、表面活性剂、45%氢氧化钾、消泡剂。

(3) 工艺流程。

富胺液再生器出来的酸气经酸气分离器除去重烃、水蒸气，进入气升式内循环反应器内筒，而空气则鼓入外筒(图 4.10，图 4.11)；通常控制外筒的空塔气速大于内筒的空塔气速，使外筒的气含率高于内筒的气含率，由此造成外筒的表观密度小于内筒的表观

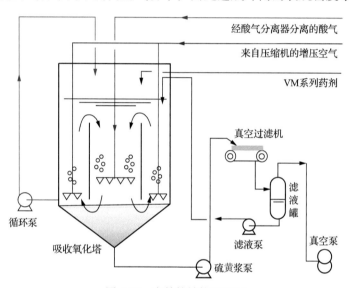

图 4.10　内外筒结构流程图

图 4.11　自循环络合铁现场图

密度。由于密度差的存在，内、外筒液体将形成自动循环。通入内筒中的 H_2S 被 Fe^{3+} 氧化为单质硫沉至反应器锥部，同时 Fe^{3+} 被还原为 Fe^{2+}，Fe^{2+} 随着溶液循环至氧化区与空气接触再生。沉降至底部的硫黄浆用泵输送至真空过滤机进行过滤，滤液返回至反应器。

4.2 天然气脱汞技术

4.2.1 技术背景

2008 年 8 月 6 日雅克拉集气处理站主冷箱物流一接管出现第一次刺漏，经过补焊抢修后，即日恢复生产。2009 年 1 月 14 日在主冷箱物流一接管处又出现了第二次刺漏，此后经过半个月先后 15 次的刺漏-补焊抢修。2009 年 1 月 28 日主冷箱本体刺漏，渗漏出大量液体轻烃和天然气。经紧急切换流程，停运制冷单元并泄压后，拆出冷箱保冷层，发现冷箱物流一内板束体侧面底部已出现一道约 15cm 长的不规整裂纹。在拆出冷箱保冷层时，在保冷泡沫层上发现大量块状金属固体碎屑，温度上升后块状金属固体碎屑随即变软，融化散开，呈珍珠状小液珠后又合拢成大珍珠状液滴，如图 4.12 所示。经天然气样分析，雅克拉处理站天然气中含有汞[41]。

图 4.12 雅克拉集气处理站冷箱泄漏出的液态汞

由于天然气中含有汞，雅克拉集气处理站冷箱在物流一出口(−39℃)和物流二进口(−30℃)正常运行工况下，汞蒸气冷凝析出，铝会溶解于汞，在其表面生成附着力很小的汞齐。汞齐引起铝合金材质表面上致密的氧化铝保护膜脱落，对铝产生"剥蚀溶解"腐蚀，最终主冷箱在汞容易沉积的管线底部和容易产生液体汞滞留的铝合金管线两端盲板部位出现刺漏。雅克拉集气处理站主冷箱由于汞腐蚀引起多次刺漏，为保证生产正常运行，更换了主冷箱。为避免汞对主冷箱的腐蚀，西北油田分公司开展了天然气脱汞技术研究，形成了浸渍硫的活性炭脱汞工艺，以确保下游用户正常供气、安全用气。

4.2.2 汞的腐蚀机理

汞单质有两大特点：易挥发性和高毒性[42]。汞的毒性：单质汞主要以蒸气形态经呼吸道吸入人体，其化合物则以粉尘形态进入呼吸道、消化道，或通过皮肤黏膜侵入人体，可分布全身各器官，以肾脏含量为最高；可导致神经系统、消化系统及肾脏损害，严重时可引起汞中毒。汞的化学性质特点：汞可与其他金属结合成汞的合金（汞齐）；天然气中的汞基本上以单质汞的形式存在，仅含有痕量的二甲基汞，而二甲基汞也有毒。

在单质汞对金属的腐蚀过程中，汞将与某些金属形成汞齐（汞与金属共同组成的一种合金）。根据汞在汞齐中所占的比例可形成液态的、固态的或膏状的汞齐。汞虽可以与多种金属形成汞齐，但各种金属与汞形成汞齐的难易程度相差较大。与汞的化学性质相似或在元素周期表与汞位置相近的金属，都易与汞结合形成汞齐。但是汞齐中的金属并没有改变其化学性质。

汞齐形成的难易程度可以由各种金属在液态单质汞中的溶解度得出。各种金属在液态单质汞中的溶解度不同，金属在液态单质汞中的溶解度与金属材质和温度有关。铝和汞容易形成汞齐，铜在加热条件下可以形成汞齐，铁、镍、铬与汞很难形成汞齐。

1. 汞对铝的腐蚀机理

汞对铝的腐蚀形式可分为汞齐脆化腐蚀和电化学腐蚀，它们的主要区别是有无水的存在。汞齐脆化是由汞与铝直接反应引起的，在有水存在的环境下，汞与铝发生电化学腐蚀。

汞齐脆化是由汞和铝反应生成汞齐造成的，铝汞齐是一种脆性物质，它的机械强度远低于金属铝的机械强度，从而造成铝制设备的脆性破坏。

汞与铝形成铝汞齐如式(4.8)所示：

$$Al + Hg \longrightarrow AlHg \tag{4.8}$$

脆化的发生不是瞬间完成的，而是一个复杂的金属破坏机制。在天然气液化厂中汞对铝质设备腐蚀产生的事故主要是由液态汞对金属的脆化引起的。

在有水存在的环境中，汞齐将与水反应而被腐蚀，其腐蚀过程可用式(4.9)表示：

$$2AlHg + 6H_2O \longrightarrow 2Al(OH)_3 + 3H_2 + 2Hg \tag{4.9}$$

从总反应式(4.9)可看出，汞在反应中作为铝腐蚀的催化剂存在，反应后生成的汞可继续腐蚀铝，生成的白色氢氧化物氢氧化铝。

上述反应的焓变 ΔH、吉布斯自由能变 ΔG 分别为–835.60kJ/mol、–861.14kJ/mol，其焓变和吉布斯自由能均是负值且绝对值较大，表明铝汞齐与水的反应均为放热反应，反应可在室温下完成。

在天然气处理中，低温换热器多采用铝合金制造的板翅式换热器[43]。一旦天然气中含有汞，尽管其含量极微，都会与铝反应在其表面生成附着力很小的汞齐，并在汞齐生成过程中使表面上致密的氧化铝膜脱落，对铝产生"剥蚀溶解"腐蚀，日积月累，最终引起铝合金制成的板翅式换热器腐蚀泄漏，危害极大。更为严重的是如果天然气中含水，则水就会与汞齐发生化学反应从而加快铝合金材质的板翅式换热器腐蚀。

2. 汞对铜的腐蚀机理

汞与铜形成铜汞齐，在有水存在的情况下，汞齐中的铜将与水反应而被腐蚀。该腐蚀过程如式(4.10)～式(4.11)所示：

$$Cu + Hg \longrightarrow CuHg \qquad (4.10)$$

$$CuHg + 2H_2O \longrightarrow Cu(OH)_2 + H_2\uparrow + Hg \qquad (4.11)$$

汞参与铜腐蚀的总反应式为

$$Cu + 2H_2O \longrightarrow Cu(OH)_2 + H_2\uparrow \qquad (4.12)$$

3. 汞对其他金属的腐蚀机理

根据汞的性质，汞与铁、镍、铬、锰很难形成汞齐，形成的汞齐与水反应的难易程度有所不同。以下是汞对铁、镍、铬、锰等金属的腐蚀机理。

1) 汞与铁的腐蚀机理

如果汞与铁形成铁汞齐，在水存在的情况下，汞齐中的铁将与水反应而被腐蚀。该腐蚀过程如式(4.13)～式(4.15)所示：

$$Fe + Hg \longrightarrow FeHg \qquad (4.13)$$

$$3FeHg + 4H_2O \longrightarrow Fe_3O_4 + 4H_2\uparrow + 3Hg \qquad (4.14)$$

汞参与铁腐蚀的总反应式为

$$3Fe + 4H_2O \longrightarrow Fe_3O_4 + 4H_2\uparrow \qquad (4.15)$$

在铁腐蚀的过程中，汞起催化作用，在汞存在的情况下铁可与水发生反应。反应中生成的 Fe_3O_4 是黑色氧化物，即金属管道腐蚀中常见的黑色锈物质。如果气体中有酸性气体存在，如 CO_2、H_2S，则腐蚀产物将会是金属的碳酸盐或硫化物。

在 18℃时，汞在铁中的溶解度极小，仅为 1.0×10^{-19}mol/L，这表明汞与铁很难发生反应，铁汞齐很难生成，故汞对铁的腐蚀性极其微弱，所以以碳钢为主体材质的管道和设备不易发生汞腐蚀。

2) 汞对镍、铬、锰的腐蚀机理

环境温度超过 43℃左右时，镍汞齐比铬汞齐更容易生成，但铬汞齐比镍汞齐更容易与水发生反应。如果汞与铬形成汞齐，汞对铬金属表现出比镍更强的腐蚀性。汞对镍、铬、锰等金属的腐蚀机理分析如下，反应过程见式(4.16)～式(4.23)。

镍、铬、锰与汞形成的汞齐在有水存在的情况下，汞齐中的镍、铬、锰将与水反应而被腐蚀，汞参与镍腐蚀过程的反应式如下：

$$Ni + Hg \longrightarrow NiHg \qquad (4.16)$$

$$NiHg + H_2O \longrightarrow NiO + H_2\uparrow + Hg \tag{4.17}$$

汞参与镍腐蚀的总反应式如下：

$$Ni + H_2O \longrightarrow NiO + H_2\uparrow \tag{4.18}$$

汞参与铬腐蚀过程的反应式如下：

$$Cr + Hg \longrightarrow CrHg \tag{4.19}$$

$$2CrHg + 3H_2O \longrightarrow Cr_2O_3 + 3H_2\uparrow + 2Hg \tag{4.20}$$

铬与水的反应式如下：

$$2Cr + 3H_2O \longrightarrow Cr_2O_3 + 3H_2 \tag{4.21}$$

汞参与锰腐蚀过程的反应式如下：

$$Mn + Hg \longrightarrow MnHg \tag{4.22}$$

$$MnHg + 2H_2O \longrightarrow MnO_2 + 2H_2\uparrow + Hg \tag{4.23}$$

$$Mn + 2H_2O \longrightarrow MnO_2 + 2H_2\uparrow \tag{4.24}$$

汞参与镍腐蚀在 18℃ 下总反应式的焓变和吉布斯自由能的变化分别为 –284.24kJ/mol、–331.72kJ/mol。其焓变和吉布斯自由能变均是负值，表明铬汞齐与水反应为放热反应。

汞参与铬腐蚀在 18℃ 下总反应的 ΔH 和 ΔG 分别为 +41.74kJ/mol、+15.41kJ/mol。其焓变和吉布斯自由能变均是正值，表明铬汞齐与水反应为吸热反应，铬与水的反应需要热量的输入以推动汞与铬腐蚀的总反应的进行，实际情况下汞对铬的腐蚀极少发生。

锰与铬都处于过渡元素的中部，性质具有相似性，汞与锰的腐蚀反应也是放热反应，该反应在室温下自发进行。

由于镍汞齐、铬汞齐、锰汞齐很难形成，汞对镍、铬、锰的腐蚀性极其微弱。镍、铬、锰是合金钢的和不锈钢中的重要元素，其表面存在一层氧化钝化膜，汞很难对合金钢和不锈钢发生腐蚀作用，因此，以合金钢和不锈钢为主体材质的管道与设备不易发生汞腐蚀。

综上所述，汞参与铝、铜、铁、镍、铬、锰金属腐蚀反应的顺序：铝＞铜＞铁＞铬、锰＞镍。

4.2.3　天然气脱汞工艺

天然气脱汞的主要方法有吸附法脱汞工艺、溶液吸收脱汞工艺、阴离子树脂脱汞工艺、膜脱汞工艺[44]，工业化应用的主要是吸附法脱汞中的载硫活性炭脱汞工艺和载银分子筛吸附脱汞工艺。

1. 吸附法脱汞工艺

吸附法脱汞的基本原理是利用固体吸附剂与汞进行化学吸附的基本原理，将天然气中的汞脱除。主要的脱汞剂有活性炭、载银分子筛。

1) 载硫活性炭脱汞工艺

活性炭是经过活化处理的无定形碳，一般为粉状、粒状或丸状，有强吸附能力，其特征是有大量的孔隙，比表面积大，适合作吸附剂。但是脱汞专用活性炭吸附剂并不是依靠其强吸附能力来脱汞的，活性炭仅仅作为载体，使反应物（一般为硫和银）能够均匀分布其中，因此称作载体活性炭。活性炭作为反应中反应物的载体，利用其多孔性增加了反应物与天然气中汞的接触概率。脱汞专用活性炭的反应物一般为硫和银，浸渍银的活性炭造价较高（载银量一般为5%），应用较多的是浸渍硫的活性炭。

通常采用浸渍硫活性炭［如4×10目的活性炭分子筛（HGR）、载硫分子筛、金属硫化物］作为吸附剂的固定床反应器，浸渍的硫与汞反应生成硫化汞而附着在活性炭过渡孔中，从而达到脱汞的目的。使用活性炭吸附脱汞是应用最广泛的方法。

活性炭脱汞相对其他方法的特点：①技术成熟，已有专业化的吸附设备和吸附剂；②相对于分子筛脱汞，价格和运行成本都有大幅度降低；③流量和温度适用范围广，而且根据需要可以多套脱汞装置结合使用；④对于小流量或者汞含量低的处理装置多采用不再生工艺。

压力和进口天然气中的汞含量不会影响处理后气体中的汞含量，但是降低气体温度和气体湿度可以改善处理效果，进一步降低处理后气体中的汞含量。例如，71℃下含饱和水的气体经处理后的汞含量为 $0.1\mu g/m^3$，而当温度降低至38℃、处理气体为干气时，处理后的汞含量为 $0.01\mu g/m^3$。图4.13为原料气湿度对脱汞效果的影响，图4.14为原料气温度对脱汞效果的影响。

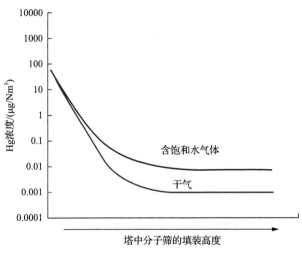

图4.13 原料气湿度对脱汞效果的影响

为了达到最佳的脱汞效果，把脱汞装置建设在分子筛干燥器之后。从雅克拉集气处理站、大涝坝集气处理站天然气汞含量分析数据可以看出，分子筛干燥器对汞有一定的脱除效果，可以降低脱汞装置的负荷。从图4.13原料气湿度对脱汞效果的影响来看，天然气中的水分对脱汞效果有影响，干气的脱汞效果明显优于湿气。因此把脱汞装置建设在分子筛干燥器之后。

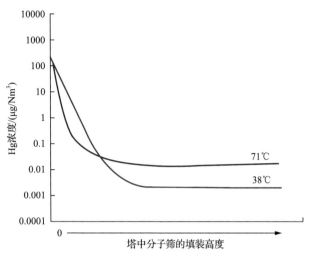

图 4.14　原料气温度对脱汞效果的影响图

在国内，海南海然高新能源有限公司为避免汞对铝合金冷箱的腐蚀，于 2007 年 3 月对所属 LNG 装置的原料气进行了脱汞，主要技术参数如下：原料气为经分子筛干燥器脱水后的干气，汞含量为 $20 \sim 40 \mu g/m^3$，脱汞塔直径为 1.3m、高度为 14m，吸附剂采用载硫活性炭，装填量为 $6m^3$。

2) 载银分子筛脱汞工艺

载银分子筛是美国 UOP 公司生产的专用脱汞分子筛，可以同时达到脱汞和脱水的目的。

载银分子筛表面含银，造价较高，一般采用再生流程，载银分子筛作为吸附剂的固定床反应器，在脱水的同时可去除天然气中的汞，与传统分子筛可以联合使用，不需要特殊流程，处理后天然气汞的含量低于 $0.01 \mu g/m^3$。

载银分子筛脱汞工艺的特点：①技术成熟，有专业化设备；②对原料无特殊要求，可用于气体和液体的脱汞；③可以循环再生；④载银分子筛较贵，成套装置投资较大。

国外，埃及 Khalda 石油公司 Salam 天然气处理厂原料天然气的汞含量为 $75 \sim 175 \mu g/m^3$，为了防止铝合金板翅式换热器发生腐蚀及汞在输气管道中凝结，进入处理厂的原料天然气先经入口分离器进行气液分离，再经载银分子筛吸附脱汞、三甘醇脱水，然后经过透平膨胀机制冷、干气再压缩及膜分离系统。

2. 溶液吸收脱汞工艺

溶液吸收脱汞工艺是先将汞离子化，然后与复合剂作用生成易溶性汞复合物，再将易溶性汞复合物溶于溶剂，从而完成整个脱汞过程。

溶液吸收剂由以下几部分组成。

(1)强氧化剂，如硝酸(浓度为 10%硝酸最合适)可以氧化天然气中所含的游离态汞，形成汞的阳离子。

(2)复合剂，将汞阳离子转化为易溶性汞复合物，一般从氧化物、硫化物、硫醇类、硫化碳酸、磷化物、氮化物或者它们的混合物中选取。

(3)有效溶剂,可以溶解汞复合物,而且汞复合物可以在该溶剂中稳定存在,这种溶剂可以从甲醇水合物、二苯醚、碳酸钾、四氯化钠和三联苯中选取。

溶液吸收脱汞工艺的技术特点:①由于采用化学方法,脱汞深度高;②处理范围广,汞浓度为 $0.01\sim100\mu g/m^3$ 的天然气都能够处理;③仅仅在化工领域得到了工业应用,在天然气工业中还没有应用的实例。

3. 阴离子树脂脱汞工艺

阴离子树脂脱汞工艺就是简单地将天然气与含有颗粒状或球状的特种树脂床层接触而将汞脱除,脱汞深度可以达到 $0.25\mu g/m^3$。

该工艺没有温度限制,可以在室温下进行,但是温度范围最好控制在 $10\sim93℃$,气体的体积流量最好控制在 1h 通过 1 体积树脂的气流体积为 $10\sim200$ 体积。

脱汞专用阴离子树脂是通过多硫化物与强碱性的纯阴离子树脂相互反应而得到的,目前市场上出售的主要有:DowerR1、RohmHaasIRA-430、410 等几种脱汞专用阴离子树脂。

阴离子树脂脱汞工艺的特点:①阴离子树脂脱汞工艺的脱汞深度可达 $0.25\mu g/m^3$;②天然气处理量有限,不能用于大规模天然气脱汞处理;③该工艺还不成熟。

4. 膜脱汞工艺

膜脱汞工艺技术的原理:吸附溶液通过薄膜中空纤维的管腔流动,薄膜两边的单质汞浓度趋于平衡,但吸附溶液能够氧化汞,使薄膜两边的单质汞浓度存在差异,这样天然气中的单质汞就不断地通过薄膜孔隙进入溶液中,达到脱除汞的目的。

膜脱汞工艺适用于低含汞天然气,过程温度一般控制在 30℃,过程压力不能太高。

膜脱汞工艺的特点:①膜脱汞工艺的脱汞深度仅为 $1\mu g/m^3$;②处理能力有限,不能用于大规模天然气脱汞处理;③对于原料天然气的要求较高,不能有液态物质存在,脱汞时操作压力不能太高;④在天然气工业中,膜脱汞工艺目前还处于开发研究阶段。

4.2.4 现场应用

溶液吸收脱汞工艺、阴离子树脂脱汞工艺、膜脱汞工艺的使用范围较窄,工业应用较少,还处于研发阶段;吸附法脱汞是天然气脱汞的主要工艺方法,其中应用较广的是载硫活性炭脱汞工艺和载银分子筛吸附脱汞工艺,因此雅克拉天然气处理站从载硫活性炭脱汞(不可再生)工艺和载银分子筛吸附脱汞(可再生)工艺两种方案中进行选择,最终选择载硫活性炭脱汞工艺。

设计参数如下所述。

(1)设计汞含量:脱汞塔入口汞含量为 $31\mu g/m^3$,出口汞含量为 $0.01\mu g/m^3$。

(2)设计进气量:$260\times10^4 m^3/d$。

(3)每天产汞:$(31-0.01)\times10^{-6}\times260\times10^4\approx80.57(g)$。

(4)活性炭的汞容量为 20g/kg,活性炭堆密度为 $600kg/m^3$。

(5)每天需要脱汞剂的质量:$80.57/20\approx4(kg)$。

(6)每年需要脱汞剂的体积:$4\times360\div600=2.4m^3$。

(7)单塔的设计吸附周期：3 年。

考虑 1.2 的设计系数，选定脱汞塔装填活性炭的容积为 8.6m³，外形尺寸为 Φ1600mm×8500mm，装填尺寸为 Φ1600mm×4600mm，如图 4.15 和图 4.16 所示。

图 4.15 现场装置照片

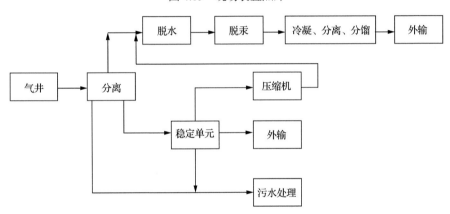

图 4.16 总体工艺流程图

针对雅克拉集气处理站主冷箱汞腐蚀刺漏的问题，雅克拉集气处理站采用了载硫活性炭脱汞工艺，脱汞后使雅克拉集气处理站进入主冷箱的天然气的汞含量由 73.73μg/m³ 降低到 0.665μg/m³（表 4.1），有效降低了汞对主冷箱的腐蚀，保证了设备及生产的安全运行。

表 4.1 雅克拉天然气处理站汞含量检测统计表 （单位：μg/m³）

	检测时间									
	2009 年 1 月	2009 年 9 月 17 日	2010 年 5 月 6 日	2011 年 3 月 25 日	2012 年 5 月 27 日	2013 年 4 月 9 日	2014 年 4 月 30 日	2015 年 5 月 10 日	2016 年 5 月 14 日	2017 年 2 月 27 日
干燥塔前原料气	73.73	32	39.5	47.8	38.6	42.89	15.78	45.7	—	—
干燥塔后原料气	30.93	1.5	1.55	4.85	9.2	20.52	1.784	27.3	—	—
脱汞塔后原料气	—	0.8	1.1	0.82	1.06	0.96	0.93	0.87	0.838	0.665
脱烃后干气	—	0.3	0.07	0.08	0.03	0.03	0.12	0.13	—	—

注："—"表示未检测出。

4.3 天然气有机硫脱硫技术

4.3.1 技术背景

塔河油田二号联合站轻烃站醇胺吸收法脱硫工艺原设计采用 MDEA 溶液脱除天然气中的 H_2S，天然气中的 CO_2 含量不做限制要求。随着气田滚动开发，进入二号联合站轻烃站中的原料气气质组分发生变化，有机硫含量逐渐升高，这部分有机硫以甲硫醇为主，含部分羰基硫及硫醚。

传统 MDEA 脱硫工艺有机硫脱除效果差，脱硫效率小于 1%，导致液化气总硫超标，一是对产品销售造成困难，二是在使用过程中会带来环境污染。为此，塔河油田通过胺液-硫醇体系的化学反应与气液相平衡分析，以改善溶剂对有机硫吸收效率为出发点，采用量子化学计算方法优选对甲硫醇具有高效吸收溶解性能的活性组分，并通过 Gaussian 和 MS 量化软件优化溶剂和硫化物分子构型及能量，得出甲硫醇与各溶剂分子的能量参数，优选高效率硫醇吸收剂，经常压和带压条件下不同气液比净化效果、不同吸收温度净化效果、不同吸收浓度净化效果研究，研发了新型复合胺液[45]。新型复合胺液在二号联合站轻烃站得到应用，净化天然气硫化氢含量显著下降，脱除率在 99.5%以上；液化气总硫含量由 399mg/Nm^3 降低至 89.5mg/Nm^3，下降了 78%，稳定轻烃总硫含量平均值由 0.09%降低至 0.037%，较改造前下降 59%。

4.3.2 天然气有机硫脱除方法

天然气脱除有机硫的工艺方法众多，主要为物理吸附脱除方法和化学脱除方法。物理吸附脱除方法以分子筛法、活性炭法为主；化学脱除方法以醇胺溶剂脱除法为主。

1. 物理吸附脱除方法

物理吸附脱除法也可应用于硫醇含量较高的天然气净化，当单纯的醇胺法脱除硫醇的效率较低、导致产品气不合格时，可以连接吸附法装置进一步精脱硫醇。物理吸附脱硫的优点是工艺简单、投资较低、占地面积较小、不需专人操作，但脱硫处理量较小、硫容较小、吸附剂需再生或频繁更换的缺点也限制了吸附脱硫应用的推广。硫醇的吸附脱硫技术包括分子筛法、活性炭法等。

1）分子筛法

分子筛是具有骨架结构的碱金属硅铝酸盐晶体，具有均匀的微孔结构，是一种性能优良、具有高吸附容量和吸附选择性的吸附剂。分子筛由于具有很大的比表面积，长期以来广泛应用于吸附、催化和分离等领域。作为重要吸附材料的传统沸石分子筛属于微孔材料，其比表面积达到 300～1000m^2/g，经过改性后，其比表面积可达到 2500m^2/g 或者 3000m^2/g 以上，可以高效选择性地脱除硫醇。微孔分子筛具有丰富的微孔结构，可以把比其直径小的分子吸附到分子筛孔腔的内部，并优先吸附极性小分子，这与分子本身的极性程度、分子大小及沸点高低等物理化学性质密切相关。分子筛在处理工业废气如固碳、固硫和水处理方面具有巨大的应用价值，是目前研究的热点。

物理吸附脱除有机硫工艺主要是利用分子筛与硫化物有很强的亲和力，通过分子筛来吸附天然气中的有机硫。该方法分子筛仅具有收集有机硫的作用，分子筛再生时，有机硫将会被释放出来，该工艺流程与天然气处理中的分子筛脱水流程相似。用于天然气硫醇净化的分子筛主要为 13X 和 5A 分子筛。

分子筛吸附、再生原理：首先，分子筛结构中有许多孔径均匀的通道和排列整齐的孔穴，它不仅提供了非常大的内表面积，也限制了比孔穴大的分子的进入；其次，分子筛表面由于离子晶格的特点具有强极性，因而对不饱和分子、极性分子和易极化分子具有很高的吸附容量。硫醇是极性分子，分子直径比分子筛孔径小，当含有微量硫醇的原料气在常温下通过分子筛床层时，微量硫醇被吸收，从而降低了原料气中的硫醇含量，实现了脱硫醇的目的。分子筛的吸附过程包括毛细凝聚作用和由范德瓦耳斯力引起的物理吸附作用。由开尔文方程可知，毛细凝聚作用随温度升高而减弱，而物理吸附是放热过程，其吸附作用也随温度的升高而减弱，随压力的增大而增强。因此，分子筛吸附过程通常在"低温、高压"下进行，而解吸再生则在"高温、降压"下进行。分子筛吸附剂在高温、清洁、压力较低的再生气作用下将微孔中的吸附物释放到再生气流中，直到吸附剂中的吸附物量达到很低的水平。再生后的吸附剂再经过清洁的再生气冷却，又具有从原料气中吸附硫醇的能力，实现了分子筛的再生和循环使用过程。

当分子筛用于脱硫醇时，未经改性的分子筛主要依靠物理吸附作用脱硫醇。分子筛的化学吸附主要取决于分子筛表面的强极性，分子筛对极性分子具有很强的吸附能力和很高的吸附容量，当金属改性的分子筛中的金属离子与溶液中其他离子进行交换时，分子筛的孔径可以得到调整，从而改变其吸附性质，进而获得不同吸附性能的分子筛。通过离子交换法将金属离子引入分子筛结构中是实现分子筛改性的一种重要方法。为了更好地提高脱硫醇效率，常把金属离子引入分子筛对其进行改性。改性后的分子筛通过物理吸附作用及金属与硫原子的孤对电子作用，形成较强的 S-M 键从而达到脱除硫醇的目的。

分子筛脱硫醇工艺流程：原料气先进入分离器将杂质分离，然后进入 H_2S 和 CO_2 脱除单元，除掉酸气中的 H_2S 和 CO_2，处理后的气体进入分子筛床层脱除硫醇和水，离开装置后即得到净化气。失活的分子筛可再生，在常压、加热条件下，使用净化气作再生气，气流方向与吸附时的方向相反进入床层，空速为 $200h^{-1}$ 左右，10h 内分子筛便可以恢复活性。

分子筛法污染小、常温操作、选择性高，即使在低组分分压下仍具有较高的吸附容量，硫醇脱除效率很高，但分子筛法再生过程产生的高浓度硫醇很难处理，是制约分子筛法发展的主要因素。

2) 活性炭法

活性炭是一种常见的疏水性吸附剂。活性炭选择性吸附脱硫醇效果主要取决于它的物理和化学性质。活性炭本身特有的疏水性、非极性及热稳定性质使其在使用过程中很容易被改性和活化，使其拥有独特的表面化学性质和孔隙结构，从而增强其负载能力和吸附性能。活性炭内部孔隙发达，控制吸附量的微孔表面积占总表面积的分量超过95%，活性炭比表面积庞大，物理吸附性能很强，可以有效吸附 RSH（R 为烃基）等有机物。活性炭表面的 pH、含氧基团和灰分含量均会影响硫醇的吸附效率。活性炭在活化过程中，表面的非结晶部位可形成一些含氧官能团，如—COOH、—OH 和—C≡O 等，有助于硫醇的吸附脱除。

活性炭脱除有机硫的机理较为复杂，按其净化作用过程，大致可分为以下三种。

（1）吸附作用。

吸附作用是借助于活性炭表面自由能，主要是通过吸附剂与吸附质之间的分子力而产生的一种物理吸附，适用于脱除 COS、CS_2、RSH 和硫醚等有机硫的活性炭，要求有一定孔径，平均孔径小于 60Å，其中以 20~40Å 更为适宜。普通活性炭一般对体积大些的有机硫如噻吩、硫醇特别有效，但对于体积较小的有机硫如 COS、CS_2，若仅借助于吸附作用，一般并不能有效地脱除其中的硫。普通活性炭的吸附作用一般脱硫效率可达到 75%~85%，通常活性炭对有机硫化合物的吸附容量为 11%~12%，但亦随有机硫成分而异。

（2）催化氧化作用。

催化氧化作用是借助于氨和活性炭的共催化作用，使 COS、CS_2 等有机硫在活性炭微孔表面上进行氧化反应，反应过程如式（4.25）~式（4.28）所示：

$$2COS + O_2 \longrightarrow 2CO_2 + 2S \tag{4.25}$$

$$COS + 2O_2 + 2NH_3 + H_2O \longrightarrow CO_2 + (NH_4)_2SO_4 \tag{4.26}$$

$$CS_2 + 2O_2 + 2NH_3 + H_2O \longrightarrow CO_2 + (NH_4)_2S_2O_3 \tag{4.27}$$

$$4RSH + O_2 \longrightarrow 2RSSR + 2H_2O \tag{4.28}$$

生成的硫化合物可被吸附或沉积于活性炭微孔上，从而使有机硫化合物得以脱除。

（3）催化转化作用。

催化转化作用是基于活性炭的催化活性，可促进有机硫与水蒸气、氨反应而转化为硫化氢、硫脲等含硫物质，反应过程如式（4.29）~式（4.34）所示：

$$COS + H_2O \longrightarrow H_2S + CO_2 \tag{4.29}$$

$$CS_2 + 2H_2O \longrightarrow CO_2 + 2H_2S \tag{4.30}$$

$$COS + 2NH_3 \longrightarrow CO(NH_2)_2 + H_2S \tag{4.31}$$

$$COS + 2NH_3 \longrightarrow CS(NH_2)_2 + H_2O \tag{4.32}$$

$$CS_2 + 2NH_3 \longrightarrow CS(NH_2)_2 + H_2S \tag{4.33}$$

$$CS_2 + 2NH_3 \longrightarrow NH_4CNS + H_2S \tag{4.34}$$

生成的产物亦被吸附或沉积于活性炭微孔上。其中，H_2S 则进一步氧化为硫单质。

活性炭自身吸附硫醇的容量不高，未经改性的活性炭吸附硫醇的能力有限，通过改变其物理和化学性质，可以增强其吸附硫醇的性能。研究发现，提高活性炭的比表面积和孔隙率等物理性质从而改善其物理吸附性能，并不能对硫醇吸附容量有太大改善，只有改善活性炭的化学吸附性能才可以大大增加其对硫醇的吸附容量。因此，改变活性炭表面的化学性质以提高其吸附选择性和对硫醇的吸附容量，是活性炭脱硫醇的主要研究方向。将活性炭浸渍于碱金属溶液或者金属盐溶液中，使金属附着在活性炭的表面，从而增加活性炭表面吸附硫醇的位点，可以增加活性炭对硫醇的吸附含量。此外，将活性炭浸泡于具有氧化性的溶剂中，以增加活性炭表面的酸性基团或者使活性炭表面弱的酸性基团趋于稳定，以增加活性炭表面的酸性位点，也能大大增强活性炭对硫醇的吸附能力。

近年来，关于活性炭法吸收硫醇的研究越来越多，许多改性后的活性炭能达到较理想的脱硫效果，但是活性炭价格昂贵，再生过程需要氧，不能用于天然气中有机硫的脱除。

2. 化学脱除方法

1) 醇胺溶剂脱除法

醇胺溶剂脱除法是应用最为广泛的天然气净化工艺。醇胺是一种含有烷醇基的有机胺类化合物，其溶液一般呈碱性，醇胺分为伯胺、仲胺和叔胺。其中伯胺的水溶液碱性在所有醇胺溶液中是最强的，其次是仲胺溶液，而叔胺的水溶液的碱性最弱。醇胺法脱除天然气中的有机硫化合物主要有以下两种原理。

(1)有机硫在醇胺溶液中的物理溶解。

(2)有机硫与醇胺直接反应生成可再生或难以再生的含硫化合物,也有部分有机硫化合物与水发生水解反应而生成 H_2S 和 CO_2,进一步被醇胺吸收,统称为化学溶解。

在工业应用中最常用的伯胺类溶剂是一乙醇胺(MEA)和二甘醇胺(DGA)；二乙醇胺(DEA)和二异丙醇胺(DIPA)是典型的仲胺化合物；叔胺的典型代表是三乙醇胺(TEA)及甲基二乙醇胺(MDEA)。

MEA 与有机硫化合物反应会生成一系列难以再生的降解产物,故不能应用于有机硫脱除。

DEA 是早期处理天然气中 COS 的主要方法,用该工艺处理的 COS 脱除率高达 90% 以上,DEA 水溶液对 RSH 的脱除效率约 55%,但在一定程度上也存在溶剂降解的问题,故一般应用于天然气中有机硫含量不太高的地点。

DIPA 的化学稳定性优于 MEA 和 DEA,故溶剂的降解变质情况也较前者有所改善。DIPA 对 CO_2 吸收率高,由于天然气中含有数量可观的 CO_2,DIPA 不适合从天然气中脱除有机硫,但适合对炼油厂的含硫气体进行脱硫。

MDEA 溶液对 H_2S 的脱除具有非常多的选择性,具有稳定性高、使用浓度高、溶液的酸气负荷高、对设备的腐蚀性低、再生能耗低且不易发生溶剂降解等优点,是一种应用最广泛的脱硫溶剂。但单纯的 MDEA 溶液对有机硫的脱除效果较差:对 COS 的脱除效率仅 20%左右,而对 RSH 的脱除效率几乎为零。因而当使用 MDEA 溶液处理高有机硫含量的酸性气体时,经常导致净化气中总硫含量超标。

2）互配型化学溶剂脱除法

由于仅使用单纯的 MDEA 溶剂不可能脱除有机硫，开发针对原料气不同酸性组分特点的互配型溶剂近年来获得了快速发展；互配型溶剂实质上是以 MDEA 为基础，按不同的酸性气组成情况加入各种添加剂，从而进一步改善 MDEA 溶剂的脱硫性能；加入的添加剂可以是其他的醇胺，也可以是一种物理性溶剂或者水溶性催化剂。

（1）砜胺互配溶剂。

砜胺互配溶剂法以 MDEA 作为化学吸收溶剂、环丁砜作为物理吸收溶剂，按照一定比例互配而成。由于它兼具物理溶剂与化学溶剂的优点，不仅能较好地脱除 H_2S，还具有较强的有机硫脱除能力（＞75%）。此外溶剂性质稳定，腐蚀性低，是目前工业装置中使用范围最广的互配型脱硫溶剂。当原料天然气的压力较高时（＞6.0MPa），环丁砜对有机硫有很高的脱除能力，而 MDEA 可轻松脱除 H_2S。所以砜胺互配溶剂明显超过单纯醇胺溶液的脱硫能力，特别适合用于处理高压和高硫的原料气，如表 4.2 所示。

表 4.2　砜胺互配溶剂的脱硫范围

	原料气	净化气
压力/MPa	1.0～9.0	
H_2S 含量/%	0～53.6	1～60
CO_2 含量/%	2.6～43.5	0.005～25
COS 含量/10^{-6}	0～1000	3～160
RSH 含量/10^{-6}	0～3000	4～160
H_2S 分压/kPa	0～4920	0.004～0.14
CO_2 分压/kPa	18～2700	0.01～530
H_2S/CO_2（体积比）	0～20	

20 世纪 70 年代末，我国在卧龙河天然气净化厂首次引进砜胺互配溶剂成功解决了原料气中高浓度有机硫的脱除问题。随后，重庆天然气净化总厂也采用了砜胺互配溶剂脱有机硫，其工艺参数：操作压力 6.4MPa，原料气中含 H_2S 4.5%、有机硫 1000～1200mg/m^3，脱硫后的净化气 H_2S 含量为 5mg/m^3、总硫含量＜200mg/m^3，有机硫脱除率达到了 72.54%。

有机硫脱除率与吸收压力密切相关。对砜胺互配溶剂在不同吸收压力条件下的吸收性能研究表明：提高吸收压力均有利于该溶液对有机硫的脱除，吸收压力每增加 1.0MPa，COS 的脱除率可以提高 2～3 个百分点。然而，砜胺互配溶剂脱硫存在一个严重的缺点：在处理含有较多重烃类的原料天然气时，溶剂会物理溶解重烃组分，这会造成原料气中重烃组分的大量损失，因此不适合重烃含量多的油田伴生气脱硫。

（2）UCARSOL 溶剂。

美国联碳公司开发了 UCARSOL 系列脱硫剂，主要目的是解决原来单独使用醇胺脱硫溶剂无法脱除有机硫的需要。

UCARSOL 溶剂主要配方是 MDEA、一种未公布的物理溶剂及 20%的水。英国威尔士天然气处理厂使用该溶剂脱硫,处理后净化气 H_2S 含量<3.3ppm[①],总硫含量<35ppm,对有机硫的脱除率约为 70%。

(3)Flexsorb 溶剂。

20 世纪 80 年代初,美国埃克森·美孚公司开发成功了 Flexsorb 系列空间位阻胺脱硫溶剂。FlexsorbPS 溶剂是一种以位阻胺为主体,同时配以环丁砜和水的互配型溶剂,它不含 MDEA。FlexsorbSE 脱硫溶剂目前已应用于 30 多套天然气脱硫装置,可将天然气中的 H_2S 脱至小于 $0.088g/Nm^3$,COS 和 CS_2 脱至小于 1ppm,硫醇脱除率大于 95%。

加拿大的 GuirkCreek 气体处理厂将此前采用的砜胺互配溶剂改用为 Flexsorb 系列空间位阻胺溶剂后,取得了良好的脱硫效果,不但对天然气中 H_2S、COS 和硫醇等具有很强的脱除能力,装置上溶剂的循环量也减少了 40%,节省了大量能耗。

可以说,空间位阻胺脱硫法正代表了化学溶剂脱有机硫的发展方向。目前,国内的研究机构已开始对其进行研究,而且一些机构已经取得了不错的应用效果。

(4)SDS 溶剂。

SDS 脱硫溶剂是由江苏省武进区第五化工厂开发的,以 MDEA 为主溶剂,并加入助溶剂、水解促进剂等添加剂来提高有机硫的脱除效率。

SDS 脱硫溶剂强化脱 COS 和 CS_2 的途径:提高胺浓度,要求 SDS 溶剂中总胺浓度在 50%～55%,而一般脱硫溶剂的胺浓度在 35%～50%;提高 COS 在脱硫液中的溶解度,在 SDS 相应配方中配入 COS 的助溶组分,提高其溶解度,加入水解促进剂,加速 COS 的水解反应。SDS 强化脱 RSH 的途径:在 SDS 的相应配方中添加反应性活化剂,使 RSH 经化学反应转化成二硫化物(RSSR)而分离。SDS 脱硫剂在中国石化荆门分公司焦化干气脱硫装置中进行了工业应用,标定结果表明,SDS 脱硫剂脱总硫效果显著,净化焦化干气中残存 H_2S 小于 $30mg/m^3$,有机硫的脱除率达到 86%以上,残存有机硫小于 $60mg/m^3$。

(5)TH-Ⅰ溶剂。

国内华东理工大学开发的TH-Ⅰ溶剂对有机硫也有较好的脱除效果,该脱硫剂主要由 MDEA 及物理溶剂复配形成。

在脱除高浓度的 COS 和硫醇等有机硫化物时,TH-Ⅰ溶剂显著优于单纯的 MDEA-水溶剂。在相同操作条件下,TH-Ⅰ与单纯 MDEA-水溶剂相比,脱除 H_2S 效果相当,但 COS 脱除率高约 20 个百分点。

(6)CT8-20 溶剂。

CT8-20 脱硫溶剂是四川石油管理局开发的配方型脱硫溶剂,该溶剂是以 MDEA 为基础,主要加入了对有机硫具有良好溶解脱除效果的物理溶剂以提高有机硫脱除率。CT8-20 配方性溶剂具有对硫化氢和有机硫脱除率高、对二氧化碳脱除率低的特点,文献[21]表明:CT8-20 脱硫溶剂具有再生性能良好,发泡倾向低,较强的抗发泡能力等特点。在实验室装置上进行试验,净化气中 H_2S 含量<$6mg/m^3$、CO_2 含量<3%、有机硫脱除率>90%,净化气气质达到《天然气》(GB 17820—2018)中一类气质标准对 H_2S、

---

① 1ppm=10^{-6}。

CO_2 及总硫的含量要求。

(7)其他溶剂。

目前国内其他研究机构也在开发运行费用低、效果显著的有机硫脱硫溶剂。从公开的文献上看，目前 FlexsorbSE 脱硫溶剂对有机硫的脱除效率最佳，但由于其不含大众化的 MDEA 组分，溶剂费用很高，许多企业无法承受高昂的溶剂费用。如何使用现有的 MDEA 溶剂提高其有机硫的脱除能力是目前迫切需要解决的技术难题，这就需要找到一种脱有机硫能力更好的活性添加剂。为了找到这种活性添加剂，应该先从有机硫脱除的技术原理上展开分析，加深对溶剂设计原则的理解。

3. 物理吸附与化学溶剂脱除方法比较

在众多的天然气净化工艺中，物理吸附脱有机硫受限于脱硫处理量较小、硫容较小和吸附剂需频繁更换等缺点，无法大规模使用，适合小规模精脱硫工艺；而化学溶剂脱除法中的互配型醇胺净化工艺是目前应用最广泛的脱硫净化技术。互配型醇胺脱硫溶剂利用醇胺溶液将原料气中的酸气和有机硫进行吸收脱除，然后将吸收了 CO_2、H_2S 和有机硫的醇胺溶液送至溶液再生系统并再生，溶液可再生循环使用。互配型醇胺净化工艺的特点是处理酸气浓度范围宽，可选择性脱除酸气，同时可对有机硫化物进行脱除。在醇胺法的基础上，通过加入一定量的物理溶剂组分或针对性的活性组分，使醇胺溶剂既能脱除 H_2S 和 COS，同时特定组分又对有机硫具有良好的脱除效果，达到对 H_2S、CO_2 及有机硫同时脱除的目的。随着醇胺类脱有机硫溶剂技术的操作数据和经验的日益丰富，具有针对性的各种溶剂不断涌现，互配型溶剂已成为脱有机硫溶剂技术的主流，把吸收量大、腐蚀性低、能耗小、空间位阻系数较大的醇胺(如二胺基二甲基丙醇 AMP)与反应速率较高但吸收量相对较低的胺(如伯胺、仲胺)相混合，再加入部分有机溶剂，可大大改善有机硫的处理过程。

互配型醇胺脱硫溶剂以 MDEA 溶剂为基础，按不同的工艺要求加入各种组分，改善溶剂对不同类型酸性组分的脱除性能，可达到以下要求：选择性吸收性能比水溶液更高；原料气中酸性气体的脱除量可按要求进行调节；比 MDEA 水溶液具有更好的脱除有机硫化合物的能力；腐蚀性、发泡倾向比水溶液更低。

综上所述，以 MDEA 溶剂为基础的互配型脱硫溶剂是当下脱除有机硫最好的工艺选择。

4. 塔河油田有机硫脱除方法

根据塔河油田以甲硫醇为主的特点，以改善溶剂对甲硫醇吸收效率为出发点，采用量子化学计算方法优选对甲硫醇具有高效吸收溶解性能的活性组分[46]，并通过 Gaussian 和 MS 量化软件优化溶剂和硫化物分子构型及能量，得出甲硫醇与各溶剂分子的能量参数，优选了高效率硫醇吸收剂，经常压和带压条件下不同气液比净化效果、不同吸收温度净化效果、不同吸收溶剂浓度净化效果研究，研发了适宜塔河油田天然气组分的新型吸收溶剂(TH-Ⅰ)。

1）新型复合胺液优选及对甲硫醇的吸收溶解性能

（1）新型吸收溶剂优选方法。

量子化学是用量子力学原理研究原子、分子和晶体的电子层结构、化学键理论、分子间作用力、化学反应理论，各种光谱、波谱和电子能谱的理论，以及无机和有机化合物结构和性能关系的科学。自 20 世纪 60 年代以来，由于量子化学从头计算法的发展和大型电子计算机的应用，原子、分子和晶体的电子能级与电荷分布的计算越来越易于实现。采用量子化学方法研究天然气净化溶剂中各溶剂组分与硫化物分子间相互作用能够获得有关溶剂分子-硫化物分子体系的能量分布及相容性信息。由此也能够实现根据不同酸性天然气中有机硫化物分布，有针对性地进行脱硫溶剂组分分子设计与组合，进而达到溶剂组分功能和优势上的优化组合，并最终实现脱硫溶剂整体上适应原料硫化物分布情况及净化指标要求。

Gaussian 软件是目前计算化学领域内最流行、应用范围最广的商业化量子化学计算程序包。最早是由 1998 年诺贝尔化学奖得主、美国卡内基梅隆大学的 John 在 20 世纪 60 年代末至 70 年代初主导开发。Gaussian 软件的出现降低了量子化学计算的门槛，使从头计算方法可以广泛使用，从而极大地推动了其在方法学上的进展。Gaussian 软件从量子力学的基本原理出发，可计算能量、分子结构、分子体系的振动频率及大量从这些基本计算方法中导出的分子性质。

塔河油田对新型吸收溶剂优选采用量子化学方法，研究新型吸收溶剂中各溶剂组分与有机硫化物分子间的相互作用，能够得到溶剂分子—硫化物分子体系能量分布及相容性信息。根据 TH-Ⅰ溶剂组成及塔河油田二号联合站轻烃站天然气中酸性组分分布特点，获得优化的 TH-Ⅰ溶剂组成及配比，显著提高了对以甲硫醇为主的有机硫的脱除效率，从根本上解决了产品总硫指标不合格的问题。

塔河油田采用 Materials Studio 软件构建 MeSH 和各溶剂分子（HEP、MOR、PEGDME、TBEE 和 TDG）的初始几何结构。然后用 DMol3 工具对各分子结构进行初步优化。用 Gaussian 09W 软件在 B3LYP/6-31++G(d,p) 理论水平下对 MeSH 和溶剂分子的结构进行优化，得到各分子的稳定构象及分子最高占用轨道能量（E_H）、最低空轨道能量（E_L）、偶极矩（μ）、总能量（E_T）、最正原子净电荷（q^+）和最负原子净电荷（q^-），如表 4.3 所示。优化后得到的 MeSH 和各溶剂分子的结构和能量参数如表 4.3 所示。图 4.17 为 MeSH 和各溶剂组分分子的稳定构象。

表 4.3　MeSH 与各溶剂分子的结构和能量参数

类型	E_T/(kJ/mol)	M/deb	E_H/eV	E_L/eV	q^+/C	q^-/C
MeSH	−275946.667	1.598	−0.019	−0.243	53.966	−62.751
HEP	−254679.177	2.066	−0.013	−0.212	154.995	−235.944
MOR	−180648.178	81.354	−0.011	−0.222	149.975	−190.135
PEGDME	−458877.601	1.183	−0.009	0.264	125.502	−179.468
TBEE	−327328.0185	1.289	−0.013	0.223	154.995	−306.852
TDG	−443768.248	3.276	−0.019	−0.220	159.387	−349.523

注：1deb=3.33564×10⁻³⁰C·m。

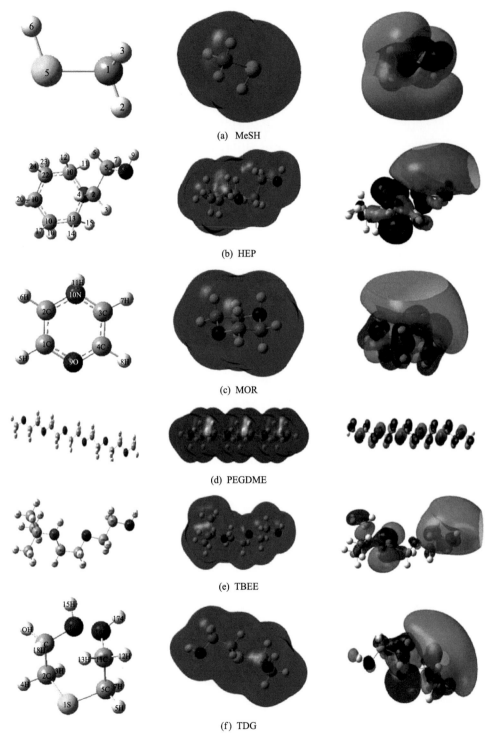

图 4.17　MeSH 和各溶剂的分子结构、电子密度、HOMO 和 LUMO 能量分布

各图中左侧为分子结构，中间为电子密度，右侧为最高能量(HOMO)和最低能量(LUMO)分布

溶质在不同溶剂介质中的溶解性能与溶质和溶剂分子间相互作用的大小有着重要关

系。在分子相互作用理论研究中，通常把相互作用的两个分子看作一个反应体系，如 A 与 B 相互作用形成超分子体系，其反应方程式如式 (4.35) 所示：

$$A + B \longrightarrow AB \tag{4.35}$$

两个分子所形成相互作用体系的结合能 ΔE 定义为复合物和单体的能量差值，即复合物 AB 的总能量减去子体系 A 和 B 的能量之和，可用式 (4.36) 表示：

$$\Delta E = E_{(AB)} - \left[E_{(A)} + E_{(B)} \right] \tag{4.36}$$

式中，ΔE 为相互作用体系的结合能；$E_{(AB)}$ 为 AB 体系的总能量；$E_{(A)}$、$E_{(B)}$ 分别为子体系 A 和 B 的能量。

当两个分子发生相互作用时，会释放一定能量，即形成复合物的过程是能量降低的过程，此时复合物的结合能 ΔE 为负值。$|\Delta E|$ 越大，表明两个分子间的相互作用越强，所形成的复合物体系越稳定。

选用 G(d) 基组对 MeSH 和溶剂分子形成的二元体系相互作用的结合能进行计算，结果见表 4.4，可知 MeSH 与各溶剂分子形成复合物体系的 ΔE 值均为负值，即 MeSH 与各溶剂分子均可形成稳定的相互作用体系，得到势能面上对应的最小值的稳定结构，说明 HEP、MOR、PEGDME、TBEE 和 TDG 这五种溶剂组分均对 MeSH 具有一定的溶解性能。各分子体系的能量大小顺序：MeSH-PEGDME ＜ MeSH-TDG ＜ MeSH-HEP ＜ MeSH-TBEE ＜ MeSH-MOR，其中 MeSH-PEGDME 体系最稳定，即 MeSH 与溶剂 PEGDME 之间的相互作用在几种备选组分中是最强的，可以推测溶剂组分 PEGEME 应当对 MeSH 具有更高的溶解性能。

表 4.4　各复合物在 6-31G(d) 基组下的结合能　　　　　（单位：kJ/mol）

体系	ΔE	BSSE	ΔE+BSSE
MeSH-HEP	−21.693	1.718	−19.976
MeSH-MOR	−13.635	1.538	−12.097
MeSH-PEGDME	−44.090	1.812	−42.278
MeSH-TBEE	−19.240	1.893	−17.356
MeSH-TDG	−27.336	2.992	−24.344

注：BSSE 表示基组重叠误差。

(2) 新型吸收溶剂吸收溶解性能。

① 亨利系数。

相平衡时，任意组分 i 在气相和液相中的逸度相等，即

$$f_i^G = f_i^L \tag{4.37}$$

式中，f_i^G 为气相逸度；f_i^L 为液相逸度。

溶质组分在气相中的逸度可表示为

$$f_i^G = \varphi_i y_i P_{\text{total}} \tag{4.38}$$

溶质组分在液相中的逸度表示为

$$f_i^L = H_i x_i \tag{4.39}$$

联立式(4.37)~式(4.39)可得式(4.40):

$$H_i = \frac{\varphi_i y_i P_{total}}{x_i} \tag{4.40}$$

式(4.38)~式(4.40)中，x_i 为溶质在液相中的摩尔分数；y_i 为气体溶质在气相中的浓度；φ_i 为逸度系数，由彭-罗宾森(Peng-Robinson)方程计算得到；P_{total} 为系统总压；H_i 为亨利系数。

②逸度系数。

气相组分中 CH₄ 和 MeSH 的逸度系数用 Peng-Robinson 方程计算得

$$\ln\frac{f}{P} = Z - 1 - \ln\frac{P(V-b)}{RT} - \frac{a}{2^{1.5}bRT}\ln\frac{V+\left(\sqrt{2}+1\right)b}{V-\left(\sqrt{2}-1\right)b} \tag{4.41}$$

式中，f 为逸度；Z、a、b 为常用系数，其中 a、b 为物质的特征参数，需查表；V 为体积；R 为气体常数，其值为 8.3144J/(mol·K)；P、T 分别为压力、绝对温度。

③MeSH 在溶液中的平衡溶解度。

分别测定 30℃、40℃、50℃和 60℃条件下，MeSH 在质量分数为 50%的 TH-Ⅰ溶液中的气液相平衡，对比考察溶剂对 MeSH 的吸收溶解能力的差异。

图 4.18 为在 30~60℃条件下，MeSH 在质量分数为 50%的 TH-Ⅰ溶液中的气液相平衡数据，可知 MeSH 在脱硫溶液中的溶解度均随气相分压的提高而增加。同时，MeSH 在溶液中的亨利系数随着温度升高而增大，即温度升高，溶液对 MeSH 的溶解度下降。式(4.42)为 MeSH 在 TH-Ⅰ-Ⅱ溶液中亨利系数 H 随温度的变化关系式：

$$H = 0.5748T - 5.0614 \tag{4.42}$$

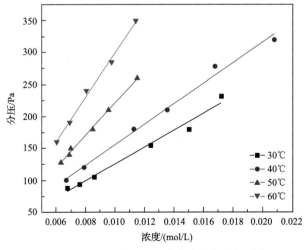

图 4.18 MeSH 在 TH-Ⅰ溶液中的气液相平衡

表 4.5 为在 40℃条件下，MeSH 在质量分数均为 50%的 TH-Ⅰ和 MDEA 两种溶液中的亨利系数。可以看出，MeSH 在 TH-Ⅰ溶液的亨利系数是 MDEA 溶液亨利系数的 38.5%。由于 TH-Ⅰ溶液中含有与 MeSH 分子具有较强相互作用的活性组分分子，这些活性组分对 MeSH 具有较高的选择性吸收功能，尤其是活性组分的加入进一步增加了溶液与 MeSH 分子间的相互作用。

表 4.5　40℃下 MeSH 在各脱硫溶液中的亨利系数　　　〔单位：MPa/(L·mol)〕

TH-Ⅰ	MDEA
15.6	40.5

2) 新型复合胺液对甲硫醇的吸收性能

通过在 2.5MPa 压力条件下对比 MDEA、TH-Ⅰ溶液的脱硫净化效果，气液比为 200、溶剂质量分数为 50%条件下 MDEA 溶剂的净化效果如表 4.6 所示。从表 4.6 中可以看出，采用 MDEA 溶剂，净化总硫含量在 367mg/m³ 左右，远高于 200mg/m³ 的二类天然气产品总硫指标要求。总有机硫脱除率仅为 43.5%。

表 4.6　2.5MPa 下 MDEA 的净化效果

酸性组分	原料气	MDEA	
		净化气	脱除率
H_2S/%	4.5	0.3	>99.9%
COS/(mg/m³)	28.6	21.6	33.5%
MeSH/(mg/m³)	500	312.4	45%
EtSH/(mg/m³)	42.8	32.6	33%
总有机硫/(mg/m³)	571.4	366.6	43.5%
总硫/(mg/m³)		366.9	
CO_2/%	7.5	3.1	

当采用 TH-Ⅰ溶液时(TH-Ⅰ溶液中 MDEA 与甲硫醇吸收溶剂质量浓度比为 1∶1)，如表 4.7 所示，相同气液比条件下，净化气总硫含量进一步下降，当气液比为 200 时，净化气总硫含量下降至 114mg/m³，总有机硫脱除率提高至 82.4%，当气液比提高至 300 时仍能够达到满意的净化效果，产品气总硫含量低于 200mg/m³，总有机硫脱除率在 70%以上。

3) 新型复合胺液发泡性能

采用行业标准《配方型选择性脱硫溶剂》(SY/T 6538—2016)中推荐的测试方法评价脱硫溶液的抗发泡性能，即在规定的条件下向一定体积的待测溶液中通入 N_2，测定溶液泡沫高度和消泡时间。泡沫高度用以表征溶液形成泡沫的难易程度，消泡时间表征溶液形成泡沫的稳定性。表 4.8 为在不同 N_2 流速下 TH-Ⅰ和 MDEA 溶液的抗发泡性能。图 4.19 为在不同 N_2 条件下 TH-Ⅰ溶液的发泡情况。从表 4.8 中可以看出，与 MDEA 溶液相比，在相同的气速条件下，TH-Ⅰ溶液的泡沫高度和消泡时间与 MDEA 溶液大体相

表 4.7　不同气液比下 TH-Ⅰ 溶液溶剂净化效果

酸气组分	气液比为 200		气液比为 300	
	净化气	脱除率	净化气	脱除率
H_2S/%	0.2	>99.9%	0.2	>99.9%
COS/(mg/m^3)	16.5	49.2%	26.1	19.7%
MeSH/(mg/m^3)	92.3	83.8%	159.4	71.9%
EtSH/(mg/m^3)	5.2	89.3%	7.6	84.4%
总有机硫/(mg/m^3)	113.8	82.4%	193.1	70.2%
总硫/(mg/m^3)	114		193.3	
CO_2/%	<0.1		<0.1	

注：温度为 40℃，溶剂质量分数为 50%。

表 4.8　在不同 N_2 流速下各脱硫溶液的抗发泡性能

溶液	250mL/min		400mL/min		600mL/min	
	泡沫高度/cm	消泡时间/s	泡沫高度/cm	消泡时间/s	泡沫高度/cm	消泡时间/s
MDEA	1	3	1.9	3.5	2.3	4.1
TH-Ⅰ-Ⅰ	1	2.9	1.7	3.1	2.4	3.8
TH-Ⅰ-Ⅱ	1.1	3.2	1.8	3.9	2.4	4.3

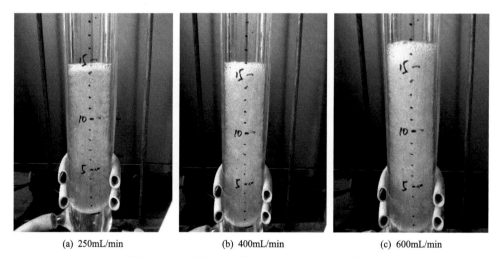

(a) 250mL/min　　　　　　(b) 400mL/min　　　　　　(c) 600mL/min

图 4.19　在不同 N_2 条件下 TH-Ⅰ 溶液的发泡情况

当，二者均具备良好的抗发泡性能。氮气流速由 250mL/min 增加至 600mL/min 时，气体动能增加，促进了泡沫的生成；TH-Ⅰ-Ⅱ 溶液的泡沫高度自 1.1cm 增加至 2.4cm，消泡时间由 3.2s 提高至 4.3s。抗发泡实验结果表明，TH-Ⅰ 溶液的泡沫高度和消泡时间变化不大，抗发泡性能良好。

4) 新型复合胺液热稳定性能

在醇胺法天然气净化过程中，醇胺溶剂的挥发性和热稳定性能是影响溶剂损耗和再生性能的重要因素，也是评价溶剂性能的重要参考指标。

热重分析是在程序控温条件下研究样品在升温过程中质量变化的一种技术，常用来研究样品的热稳定性、特定组分含量、催化剂样品对吸附质的吸附/脱附性能等。采用热重分析能够评价溶剂的热稳定性能及再生性能。

图 4.20 为 TH-Ⅰ和 MDEA 的热重分析结果，图中失重率曲线的峰值对应的温度即为样品失重最快的温度，可用此温度表征样品的挥发性或热稳定性能。从失重率曲线上得到的 TH-Ⅰ和 MDEA 的最快失重温度分别约为 210℃和 195℃，可见在特定的使用温度下 TH-Ⅰ的热稳定性能良好。

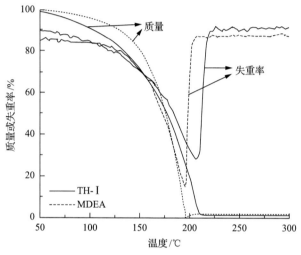

图 4.20　TH-Ⅰ和 MDEA 的热重分析

5) 新型复合胺液热再生性能

图 4.21 为富含酸性组分的 TH-Ⅰ溶剂的热重分析结果，由图可见失重率曲线上出现了两个明显的失重峰，对应的最快失重温度分别约为 120℃和 210℃，较低温度下的失重

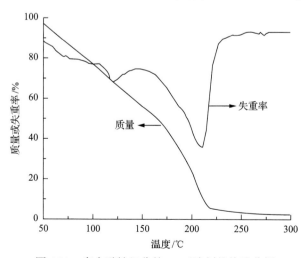

图 4.21　富含酸性组分的 TH-Ⅰ溶剂的热重分析

峰对应的是酸性组分的解吸，较高温度下的失重峰为溶剂挥发所致。由热重分析结果可以推断，富含酸性组分的 TH-I 溶剂的适宜再生温度在 120℃左右。

4.3.3　现场应用

塔河油田二号联合站轻烃站采用 TH-I 高效复合脱硫溶剂替换现有的 MDEA 溶剂，可实现对多种有机硫化物和 H_2S 的有效脱除，产品气硫含量满足二类天然气指标要求（H_2S 含量≤20mg/Nm^3，总硫含量≤200mg/Nm^3，CO_2 含量≤3%）。其在选择性高效吸收脱除硫醇和 COS 等有机硫化物方面表现出了明显优势。

与改造前使用 MDEA 溶剂相比，净化天然气、干气、液化气及轻烃硫含量均有大幅下降，脱硫效率显著提升，外输干气、液化气、稳定轻烃硫含量均达到技术指标要求。

1. 运行参数对比

改造前后吸收塔和再生塔主要操作条件如表 4.9 所示。分别采用两种溶剂时装置的主要操作条件相近。

表 4.9　改造前后吸收塔和再生塔主要操作条件

参数		改造前（MDEA）	改造后（TH-I）
原料气处理量/(Nm^3/h)		7150	7800～9500
贫液循环量/(m^3/h)		22.6	26～31
吸收塔	塔顶压力/MPa	2.43	2.23
	塔顶温度/℃	40	46
	塔底压力/MPa	2.42	2.42
	塔底温度/℃	62	49
再生塔	塔顶压力/kPa	104.5	85.5
	塔顶温度/℃	113.2	107
	塔底压力/kPa	117	87.5
	塔底温度/℃	122	119
	重沸器压力/kPa	117	87.5
	重沸器温度/℃	122	119
	重沸器液位/mm	768	920

2. 外输干气质量对比

改造前装置的采用 MDEA 溶剂，外输干气中 H_2S 含量平均值为 53.3mg/Nm^3。改造后的装置采用 TH-I 溶剂，外输干气中 H_2S 含量平均值为 15.1mg/Nm^3，较改造前采用 MDEA 溶剂时下降了 50%以上。

3. 液化石油气质量对比

图 4.22 为改造前采用 MDEA 溶剂和改造后采用 TH-I 溶剂净化后产品液化气硫化物含量分析结果，采用 MDEA 溶剂的改造前装置 2018 年 4 月 17 日～4 月 25 日产品液化

气硫化物含量在 118～242mg/Nm³，液化气硫化物含量平均值为 180.7mg/Nm³。改造后，采用 TH-I 溶剂，在相近操作条件下，2018 年 6 月 28 日～7 月 2 日，产品液化气硫化物含量在 31～42mg/Nm³，液化气硫化物含量平均值为 31.2mg/Nm³，较改造前采用 MDEA溶剂时大幅下降了近 80%。2018 年 6 月 12 日所取样品在二号联合站轻烃站分析化验室的分析结果及现场四合一检测仪分析结果均显示，产品液化气中 H₂S 含量为 0。进一步说明了 TH-I 溶剂具有更好的脱硫效果，尤其是有机硫脱除性能，在原脱硫装置不更改设计和操作参数的条件下依靠自身的选择性脱硫性能优势可显著提升脱硫效果及产品质量。

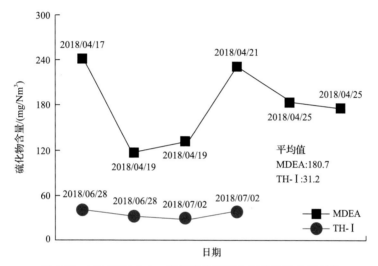

图 4.22　TH-I 和 MDEA 溶剂净化后液化气硫化物含量对比

4. 稳定轻烃硫含量

图 4.23 为改造前采用 MDEA 溶剂和改造后采用 TH-I 溶剂净化后稳定轻烃硫化物含量分析结果。采用 MDEA 溶剂的改造前装置 2018 年 4 月 27 日～5 月 4 日稳定轻烃硫化

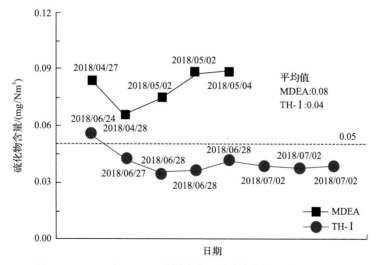

图 4.23　TH-I 和 MDEA 溶剂净化后稳定轻烃硫化物含量对比

物含量在 0.066～0.089mg/Nm^3，硫化物含量平均值为 0.08mg/Nm^3，且全部分析结果均高于 0.05% 的 1 号轻烃硫化物含量控制指标。改造后，采用 TH- I 溶剂，在相近操作条件下，2018 年 6 月 24 日～7 月 2 日，稳定轻烃硫化物含量在 0.035～0.056mg/Nm^3，液化气硫化物含量平均值为 0.04mg/Nm^3，比改造前采用 MDEA 溶剂时下降了 50%，且除 2018 年 6 月 24 日的首次分析结果为 0.056mg/Nm^3 外，其余全部分析结果均在 0.05mg/Nm^3 以下，满足 1 号轻烃硫化物含量控制指标要求。该结果同样验证了 TH- I 溶剂具有更好的脱硫效果，采用 TH- I 高效复合脱硫剂有助于降低脱后产品硫含量，稳定提升产品质量。

改造后的二号联合站轻烃站脱硫装置自 2018 年 6 月 5 日引原料气开工以来，脱硫和再生塔运行平稳，TH- I 溶剂未出现过发泡现象，与原改造前采用 MDEA 溶剂装置相比，脱硫效果显著提升。与改造前使用 MDEA 溶剂相比，改造后采用 TH- I 高效复合脱硫剂的脱硫装置，净化天然气、干气、液化气及稳定轻烃硫含量均有大幅下降，脱硫效率显著提升，产品外输干气、液化气和稳定轻烃的硫含量均达到了技术指标要求，取得了良好的工业试验效果。TH- I 高效复合脱硫剂在改造后的二号联合站轻烃站脱硫装置上成功应用，有效解决了二号联合站轻烃站天然气脱硫的技术难题，提高了装置的"安、稳、长、满、优"运行水平。

4.4 超音速分离技术

4.4.1 技术背景

塔河油田桥古区块位于阿克苏地区库车市境内，区块周边麦田、棉田及果林覆盖，其生产面积达 1.5 万 m^2，管辖 4 口生产井，均属于高压凝析气藏，单井集输压力高。开发初期，面临压力高、征地困难等问题，因此提出优化工艺、低耗高效设备、撬装化装备的思路，引进天然气超音速分离技术代替传统膨胀制冷轻烃回收工艺，提升了整体工艺效益[47]。

天然气超音速分离技术属于低温冷凝法，它利用拉瓦尔喷管的等熵降温作用、叶片加速旋转使饱和湿天然气达到气液分离的目的。天然气超音速分离器同时具有膨胀机、分离器和压缩机三种机器的功能，当进口天然气流经装置时，气体实现膨胀降温、气液分离和气体压缩升压等步骤。超音速分离技术是近年来空气动力学研究成果应用于油气田天然气脱水、脱烃领域的典型案例。该技术及装备已在国外石油天然气行业成功应用。

2009 年塔里木油田牙哈凝析气田开展超音速分离技术试验及应用；2011 年西北油田桥古区块开展超音速分离技术试验及应用。

4.4.2 超音速分离技术介绍

1. 工作原理

超音速分离装置结构如图 4.24 所示，其工作原理：拉瓦尔喷管将气体进行绝热膨胀后，速度增加到超音速，形成低温低压。压力 10MPa、温度 20℃的饱和气体在通过拉瓦尔喷管后，出口气体温度降低为–40℃，表征气体流速的马赫数 $Ma \geq 1$，压力降为 3MPa。

气液混合物在贴着超音速翼时经过直管，会形成旋流场，同时由于受到离心力的作用液滴将会被抛离至管壁。由于气液同轴旋转，干气居于主流中心，液体在管壁流动，分离器实现了凝液和气体的分离。生成的干气经过微弱的冲击波，然后流入扩压管，压能转化为动能，气体的压力将会恢复到进口压力的 70% 左右。被分离出的液体经过一个液体除气装置后，除去携带的少量气体，同时这部分气体将会与干气流会合。

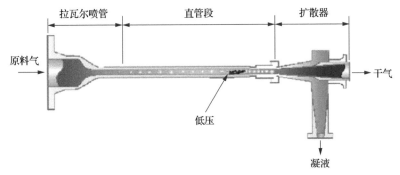

图 4.24　超音速分离装置结构图

　　这些设备都是在一个密闭紧凑的装置中，没有移动部件。拉瓦尔喷管的作用相当于透平膨胀机，低温气体经过气液分离区的尾翼后，将会由轴流转变为旋流，实现旋流分离，而扩压管则近似于二次压缩机。

2. 技术特点

　　与传统气体处理工艺相比，超音速分离技术具有较大优势，主要有以下几点。

　　(1)效率高。发生在拉瓦尔喷管中的膨胀降压、降温、增速过程，以及发生在扩散器中的减速、升压、升温过程，均为气体的内部能量转换，经过全面优化设计，使能量损失降低到最低程度。因此，超音速分离装置效率不仅比等焓节流膨胀制冷的 J-T 阀效率高，而且比等熵膨胀的膨胀机的制冷效率还要高，如图 4.25 和图 4.26 所示。

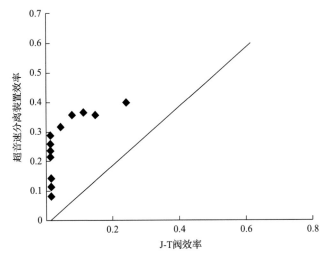

图 4.25　J-T 阀效率与超音速分离装置效率比较

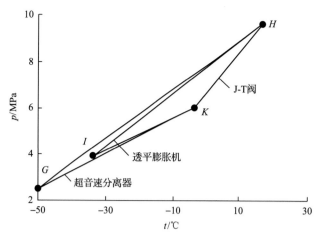

图 4.26　超音速分离器与 J-T 阀和透平膨胀机的温降

图中 *H* 点表示进口，*K* 点表示出口，图中的 3 条曲线分别为 J-T 阀节流膨胀温降曲线(*H-K*)、
透平膨胀机膨胀温降曲线(*H-I-K*)和超音速分离器温降曲线(*H-G-K*)

(2)能耗低。如图 4.27 所示，与 J-T 阀制冷相比，在天然气凝析液收率相同情况下，超音速分离可减少丙烷制冷压缩机电力消耗 50%～70%；而超音速分离代替膨胀机，在混烃收率相同情况下，可多回收 15%～20%的压缩功率。特别是当膨胀机由于技术原因(如进口压力太高不能制造)或在中小油气田用膨胀机制冷不经济的场合下，超音速分离的优势更加突出。

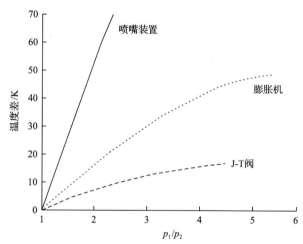

图 4.27　J-T 阀、膨胀机超音速制冷温度比较

p_1/p_2-节流前后天然气压力比

(3)一次性分液。天然气温度降低后，凝结成液滴的水蒸气和重组分在旋转产生的切向速度和离心力的作用下被"甩"到管壁上，通过专门设计的工作段出口排出，实现气液分离，一次性把液体分离排出。

(4)体积小。所需的空间小，更轻便；占地面积和占用空间小，绝大多数天然气直接外输，无须进入低温分离器，低温分离设备比 J-T 阀用分离器小得多。因此降低了装卸和安装费用，降低了大型高压设备的制造难度。无转动部件，属静设备，因此运行更加安全可靠。

(5)超音速分离工艺过程与其他传统工艺比较，工艺过程和设备简单，投资少，本身无消耗，运行成本低。

(6)检修工作量较少，维修费用较低。

(7)节能环保。运行过程中，无噪声、无排放、无污染，对环境无影响，可实现绿色环保。

3. 应用范围和适应条件

(1)单台超音速分离器适应气体的处理量：最大为 $200\times10^4 m^3/d$，最小为 $15\times10^4 m^3/d$，但也需要视压力条件而定。

(2)超音速分离器适应气体的压力范围：最大为20MPa，最小为2MPa。

(3)入口压力 p_1 与气相出口压力 p_2 的比值通常在1.35左右(在某些情况下，压比为1：2即可)。p_1 为进入装置入口压力，而非天然气进入处理厂的压力。

(4)气相出口压力 p_2 与液相出口压力 p_3 的关系：$p_3=p_2+(2\sim5atm^①)$。

(5)超音速分离器内可以达到的最低温度取决于入口温度。入口温度越低，超音速分离器内的温度越低。现有项目超音速分离器内部温度达–140℃。

(6)入口气体允许流量波动范围为–30%～30%，具体值取决于具体条件，一般调节阀门很容易实现–30%，当超音速分离器不能适应+30%及其以上增量时，并联超音速分离器是必要的。

(7)入口气体允许压力变化范围为–20%～20%，具体值取决于具体条件，20%一般都可以适应，–20%取决于流量。有可能不能形成超音速：当 $p_1/p_2\geqslant1.2$ 时可形成超音速；当 $p_1/p_2=1.1$ 时可形成亚音速。

4.4.3 现场应用

1)现场工艺

塔河油田的桥古区块自2012年10月正式投运超音速分离器，其工艺流程进站压力为2.0～2.2MPa，进站温度低于30℃，气体处理量为6万～15万 m^3/d(0.1MPa、20℃)，根据处理量，现场乙二醇的加注量为6～8L/h。分离出的采出水排放至采出水罐，由罐车拉运至采出水处理厂统一进行处理。现场撬装处理工艺应用如图4.28和图4.29所示。

脱水脱烃工艺流程：原料气先进入装置预冷器将其预冷至15℃以下，然后进入预冷分离器进行气液两相分离；分离出的气相再进入后冷器作进一步降温至–10℃以下，并经后冷分离器进行气液两相分离；两次降温分离后的原料气直接进入涡流管；被脱除水、烃的干气分别进入后冷器和预冷器进行冷量利用。被预冷器复热后产品气直接进入管网或下一个增压站，复热后的湿气返回原料气进口进入装置被再次处理。

---

① 1atm=1.01325×10⁵Pa。

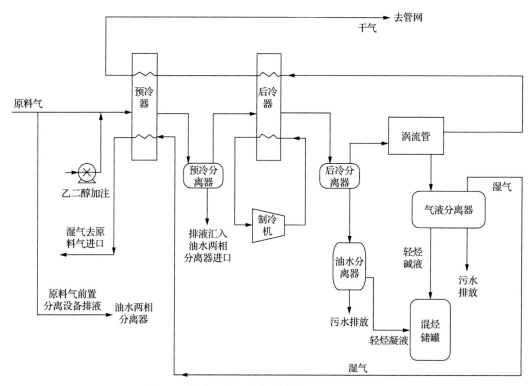

图 4.28 桥古区块天然气脱水脱烃工艺流程简图

图 4.29 桥古区块超音速分离器

液相处理流程：装置内所有分离设备所分离出的水烃混合液均进入油水两相分离器将水和液烃分离后，液烃引入混烃储罐，水排放至采出水罐。根据此单井撬装装置工艺设计，表 4.10 为处理量为 15 万 m^3/d 的物料平衡表，对比现场天然气处理量接近 15 万 m^3/d 时与物料平衡表参数的误差不大。

2) 应用效果

超音速分离技术的工艺设计简洁，无需外部辅助单元提供能量，并且可实现一次性

表 4.10　处理量为 15 万 m³/d 的物料平衡表

节点工况	原料气	进口气	出口干气	分离口气相	出装置混合气	出装置液烃
温度/℃	32	−5	−12.16	−16.94	16.60	−21.30
压力/kPa	1990	4300	2606	2606	2596	1700
流量/(m³/h)	333.1	116.79	166.3	32.28	231.3	0.5
密度/(g/cm³)	17.13	48.89	26.77	29.87	23.42	564.90
平均分子量	20.46	20.47	19.69	20.93	19.90	45.23

分液，仅从塔河油田桥古区块应用来看，均达到了较好的应用效果，对比传统膨胀制冷与丙烷制冷工艺，其能耗较大程度得到了节约，能耗同比降低 20%左右。该技术虽然存在流量适应性和抑制剂回收问题，但该区块在高气量条件下天然气回收流程装置运行平稳、混烃回收率有所提高，其存在问题可通过进一步研究与试验进行改善，得到较好的改善后，可凭借其技术简单易行、投资小、效益大和可操作性强等优点，解决边远天然气 15 万 m³ 以上脱水脱烃存在的系列问题，在满足其压力能和气量的条件下，可在边远天然气回收中进行推广应用。

第5章 塔河油田采出水处理新技术及应用

塔河油田采出水水质具有矿化度高、总铁离子含量高、硫离子含量高和 pH 低的特点，导致水质不稳定、腐蚀性强；同时根据碳酸盐缝洞型油藏注水开发的特点[48]，大部分单井采用间歇注水开发方式，导致地面注水配套成本高。为解决这些难题，塔河油田形成了以"重力沉降、压力聚结除油、预氧化水质改性、悬浮污泥过滤"等为核心的水处理集输及注水地面配套工艺技术，降低了注水开发综合成本，为油田注水提高采收率打下了坚实的基础。

5.1 塔河油田采出水处理工艺简介

塔河油田已配套建设四座主要采出水处理站，分别为一号联合站、二号联合站、三号联合站、四号联合站，设计采出水处理能力为 23000m³/d，实际处理量为 19000m³/d。

1. 一号联合站采出水处理系统

根据不同油藏注水水质要求，一号联合站采出水处理系统分为碳酸盐岩油藏注入水水质处理系统和碎屑岩油藏注入水水质处理系统；设计处理能力为 9000m³/d，实际处理量为 11000m³/d，如图 5.1 所示。

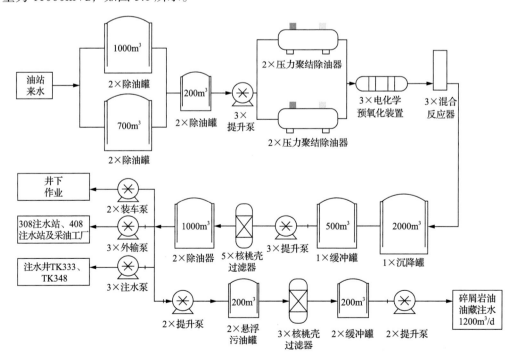

图 5.1 一号联合站采出水处理工艺流程

一号联合站碳酸盐岩油藏注入水质处理系统采用"重力沉降+压力聚结除油+预氧化水质改性+核桃壳过滤"工艺流程，设计水质指标含油量≤10mg/L、悬浮物固体含量≤10mg/L、悬浮物颗粒直径中值≤8μm。

碎屑岩油藏注入水质处理系统采用"重力沉降+压力聚结除油+预氧化水质改性+核桃壳过滤+悬浮污泥过滤(SSF)+单阀过滤+多介质过滤"工艺流程，设计水质指标含油量≤8mg/L、悬浮物固体含量≤3mg/L、悬浮物颗粒直径中值≤2μm。

2. 二号联合站采出水处理系统

二号联合站采出水处理系统于 2004 年建成投产，为解决采出水腐蚀性强和水质不稳定问题，2017 年新建完成"电化学预氧化+水质改性"工艺流程改建。如图 5.2 所示，二号联合站采出水处理系统主流程采用"重力沉降+压力聚结除油+预氧化水质改性+核桃壳过滤"处理工艺，设计采出水处理规模为 5000m³/d，目前实际日处理采出水量 3200m³。设计水质指标含油量≤10mg/L、悬浮物固体含量≤10mg/L、悬浮物颗粒直径中值≤8μm。

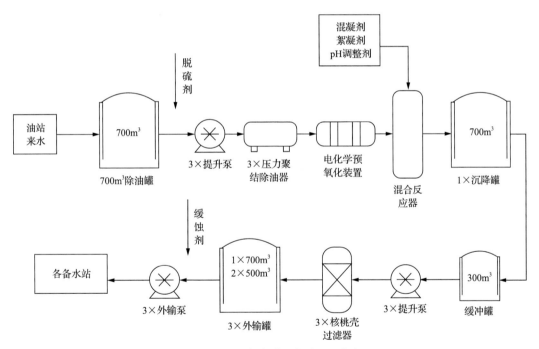

图 5.2　二号联合站采出水处理工艺流程

3. 三号联合站采出水处理系统

三号联合站采出水处理系统于 2005 年 11 月建成投产，采用"重力沉降+压力聚结除油+核桃壳过滤"处理工艺。如图 5.3 所示，系统设计采出水处理规模为 5000m³/d，目前实际日处理采出水量 3000m³。设计水质指标含油量≤10mg/L、悬浮物固体含量≤10mg/L、悬浮物颗粒直径中值≤8μm。

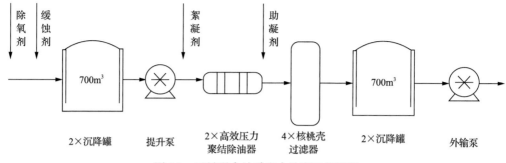

图 5.3 三号联合站采出水处理工艺流程

4. 四号联合站采出水处理系统

四号联合站采出水处理系统于 2013 年 4 月建成投产，采用"重力沉降+压力聚结除油+双滤料过滤"处理工艺。如图 5.4 所示，设计采出水处理规模为 4000m³/d，目前实际日处理采出水量 1800m³。设计水质指标含油量≤10mg/L、悬浮物固体含量≤10mg/L、悬浮物颗粒直径中值≤8μm。

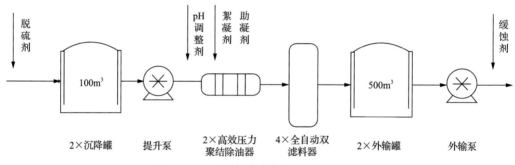

图 5.4 四号联合站采出水处理工艺流程

5.2 预氧化水质改性技术

5.2.1 技术背景

塔河油田采出水矿化度高，Cl^- 含量高，Ca^{2+}、Mg^{2+} 含量较高，属 $CaCl_2$ 水型，水质 pH 为 5.6~6.0，另外水体中悬浮物固体含硫量、含油量、总铁、S^{2-} 都比较高，整体呈现严重腐蚀发生趋势，其主要离子分析如表 5.1 所示。采用预氧化水质改性工艺可有效解决采出水和注水系统的腐蚀和结垢现状问题，工艺实施后可使水质原偏酸性腐蚀环境得到抑制，降低水系统腐蚀发生频次。

表 5.1 塔河油田采出水主要离子分析表　　　　　　（单位：mg/L）

Na^++K^+	Cl^-	HCO_3^-	Ca^{2+}	Mg^{2+}	SO_4^{2-}	矿化度	水型
86788	133397	127	10820	1397	733	233262	$CaCl_2$

预氧化水质改性采出水处理技术是在"水质改性"采出水处理技术的基础上发展而

来的。"水质改性"采出水处理技术利用石灰乳将采出水的 pH 提高到 7.5 以上，调整采出水中的离子平衡和混凝、沉降及压力过滤工艺，使处理后的注水水质稳定达标，解决采出水系统的腐蚀、结垢问题。但是"水质改性"采出水处理技术在长期运行过程中逐渐暴露出一些新问题：①污泥残渣量大，难以处理，大量堆积给周边环境造成污染；②注入水 pH 与地层水差异较大，注水压力逐年增加；③细菌长期在弱碱性条件下生存产生抗药性，使常用杀菌剂难以发挥作用；④采出水处理的综合费用偏高。

通过对"水质改性"采出水处理技术存在的上述问题进行综合分析后发现，主要原因均是 pH 控制过高造成的。实验研究表明采出水处理过程中产生的污泥主要由以下几个部分组成：①油田采出水本身所含的悬浮油、悬浮物固体杂质；②采出水中有害离子去除过程中产生的污泥；③提高 pH 所投加石灰乳中的固体不溶物形成的污泥；④由于 pH 的提高，采出水中部分离子如 HCO_3^-、CO_3^{2-}、OH^- 与 Ca^{2+}、Mg^{2+} 等离子反应生成沉淀产生的污泥。其中，①、②部分形成的污泥量所占比例较小，是水质净化过程中产生的具有一定量的杂质，而③、④部分形成的污泥在所产生的污泥总量中占有相当大的比重，这部分污泥完全是由 pH 控制偏高造成的。

预氧化水质改性采出水处理技术的开发与应用，实现了较低 pH（不加或者少加石灰乳）条件下水中总铁和总硫的转化与去除，使采出水处理过程中污泥的来源从根本上得到了控制，不仅解决了"水质改性"采出水处理技术存在的污泥量大的难题，而且也使采出水处理综合成本显著降低。

5.2.2　预氧化水质改性技术方法

1. 技术原理

预氧化水质改性技术是通过化学或电化学的方法先对来水进行预氧化处理，在消灭细菌的同时，将采出水中的 Fe^{2+} 氧化成具有凝聚作用的 Fe^{3+}，使其成为对采出水净化有益的离子，并将水中的 FeS、S^{2-} 等硫化物氧化成单质硫，在混凝药剂的共同作用下彻底打破采出水中固有的胶体平衡和 CO_2-HCO_3^--CO_3^{2-} 弱酸弱碱缓冲体系，将地面条件下容易产生腐蚀、结垢成分的游离 CO_2、H^+、SH^-、HCO_3^-、S^{2-}、Ca^{2+}、Mg^{2+}、Fe^{2+} 等在采出水处理过程中通过混凝沉降而分离去除，使采出水中的悬浮物、乳化油等杂质小颗粒聚集成大颗粒，形成体积大、密度高、沉降快的絮体，并使其从水体中完全沉降、分离出来，使水质得以净化达标，达到杀灭细菌、控制腐蚀、抑制结垢和水质达标的目的。预氧化水质改性技术中的预氧化工艺包括化学预氧化技术和电化学预氧化技术。

化学预氧化技术是采用加注化学预氧化剂（二氧化氯、氯气、次氯酸钠、过氧化氢、臭氧等）对来水进行预氧化处理。化学预氧化经多年的实践暴露出该工艺技术存在下列问题。

(1)处理质量不稳定。

(2)达标运行成本高。

(3)由于长期采用加药工艺，大量加药处理后的回注水富营养化。

(4)控制腐蚀结垢类药剂采用预膜原理，实验室效果较好，但在实际工况条件下很难形成稳定的、均匀的保护膜，保护半径小，不能实现全流程的保护。

电化学预氧化技术则是通过电化学装置的作用对油田采出水进行预氧化，该技术充分利用油田采出水富含 Ca^{2+}、K^+、Na^+、Cl^-等可溶性无机盐的特点，通过电化学设备使水中发生电化学反应，在无须加入任何预氧化剂的条件下产生中间态的强氧化性物质，直接对水中的还原性成分进行预氧化处理。

电化学预氧化工作原理：设备由特殊材料阳极和普通金属阴极组成，通过外加直流电场，利用高级氧化技术，在水中产生大量的氢氧自由基（·OH），将水中的低价的物质如 Fe^{2+}、Cl^-等氧化成 Fe^{3+}、Cl_2 等，并起到氧化杀菌、电解气浮等作用。

电化学预氧化装置具体的工作原理如下所述。

1) 氧化作用

在电化学采出水处理过程中，S^{2-} 的电极电位最低，最先被氧化，形成单质 S。相关的反应式和电位势如式(5.1)和式(5.2)所示。

阳极：

$$S^{2-}-2e \longrightarrow S\downarrow(黄色)（标准电极电位\ E_0=-0.508V）\qquad(5.1)$$

阳极：

$$2HS^--2e \longrightarrow H_2\uparrow+S\downarrow(黄色)（E_0=-0.478V）\qquad(5.2)$$

由于 S^{2-} 含量较少，水体中 S^{2-} 被全部氧化消耗后，Cl^- 随即被氧化，如式(5.3)和式(5.4)所示。

阳极：

$$2Cl^--2e \longrightarrow Cl_2\uparrow\qquad(5.3)$$

$$Cl_2+H_2O \longrightarrow HClO+HCl\qquad(5.4)$$

阳极产生的 HClO 起到氧化剂的作用，将 Fe^{2+} 氧化成 Fe^{3+}，形成絮凝沉淀物。

2) 絮凝作用

采出水中的 Fe^{2+} 被氧化成 Fe^{3+} 后，很快与水中的 OH^- 结合，生成具有强吸附能力的絮状 $Fe_x(OH)_m^{(3x-m)+}$ 沉淀，因而对采出水中的其他杂质粒子产生絮凝作用。

3) 气浮作用

电化学装置含油采出水处理过程中水中产生以下反应：

$$2H^++2e \longrightarrow 2H_2\uparrow\qquad(5.5)$$

式(5.5)中生成的氢气等能够在水中形成均匀分布的微小气泡，携带采出水中的胶体微粒和油共同上浮，使其与水有效分离，达到携油、水质净化的目的。

4) 杀菌作用

电化学装置运行过程中，采出水中会产生大量的初生态氧化性物质，如 Cl_2、O_2、·OH、

ClO^-等强氧化性物质，能够分解、杀死水中的硫酸盐还原菌(SRB)、腐生菌(TGB)等细菌，但存在如下问题。

由于水体中含有一定量的CO_2，在水中存在电离反应，如式(5.6)~式(5.8)所示：

$$CO_2+H_2O \longrightarrow H_2CO_3 \tag{5.6}$$

$$H_2CO_3 \longrightarrow H^++HCO_3^- \tag{5.7}$$

$$HCO_3^- \longrightarrow H^++CO_3^{2-} \tag{5.8}$$

H^+在电极上不断被消耗，促进CO_2不断消耗，同时生成大量的CO_3^{2-}离子，水体中存在的Ca^{2+}、Mg^{2+}等离子会在阴极结垢，阴极极板上会生成$CaCO_3$、$MgCO_3$、$FeCO_3$垢层。

2. 技术分析

化学预氧化和电化学预氧化这两种方法是水质改性的核心，两种技术均能满足高含Fe、低 pH 的腐蚀性采出水的处理要求，都能够达到具有控制腐蚀结垢，进一步改善油田注水水质的目的，目前在国内不同的油田采出水处理站均有成功应用，两种技术的优缺点见表 5.2。

表 5.2 两种预氧化技术优缺点分析

类别	优点	缺点
电化学预氧化技术	①不需要添加杀菌剂就能够达到杀菌效果，细菌不易产生耐药性 ②新工艺技术，安全环保 ③不需要添加预氧化剂、可减少 pH 调整剂添加量 ④设备具有一定的气浮除油和排污泥的功能 ⑤设备具有电极板结垢自动清除	①电极板材料、装配间隙技术要求高 ②高矿化度水电极板易结垢 ③装置运行操作管理要求较高
化学预氧化技术	①传统加药工艺，技术成熟，稳定可靠 ②对操作运行管理要求较低，易操作	①药剂杀菌机理单一，细菌易产生耐药性 ②氧化剂易分解，腐蚀性强，夏季温度高不易储存，存在安全隐患 ③采出水处理药剂投加量大

由表 5.2 可知：两种技术的差别主要是氧化剂和杀菌剂的添加方式不同，后续加药基本相同，电化学预氧化技术相对化学预氧化技术而言具有节省采出水处理药剂的特点，但对电极板材质要求高，操作运行技术含量高。

3. 经济比较

根据室内实验对化学预氧化和电化学预氧化水处理药剂的需求及费用，对两种预氧化技术药剂成本及运行成本做出对比分析，按照通常电化学装置运行功率在 0.06~0.20(kW·h)/m³，塔河油田一号联合站采出水预氧化运行电费按 0.2 元/(kW·h)计算，采出水处理过程中电化学预氧化电费仅为 0.01~0.04 元/m³，具体计算结果见表 5.3。

由表 5.3 可知：采用化学预氧化工艺每年需增加药剂费用 306.61 万元，而电化学预氧化工艺只需设备一次性投资 390 万元，从运行成本看电化学预氧化工艺更优。

表 5.3 两种预氧化技术经济对比表

项目	药剂名称	浓度 /(mg/L)	加量 /(kg/d)	单价 /(t/元)	药剂成本 /(元/m³)	药剂费用 /(万元/a)	运行电费 /(万元/a)	设备一次性 投资/万元
化学 预氧化技术	预氧化剂	20	300	4700	0.09	49.28	基本不耗电	利用已有装置
	杀菌剂	250	3875	13100	0.47	257.33		
电化学 预氧化技术	不需要投加预氧化剂和杀菌剂						5.5~21.9	390(3 套)

经技术和经济综合比较分析，塔河油田采出水处理推荐采用电化学预氧化水质改性技术。

5.2.3 现场应用

电化学预氧化水质改性技术在塔河油田一号联合站、二号联合站得到了成功应用。通过水质改性工艺中的预氧化环节将采出水中的 Fe^{2+} 转变成 Fe^{3+}、S^{2-} 氧化成单质硫，然后加入以 OH^- 为主要成分的絮凝剂使水体的 pH 升高，除去采出水中的 CO_2、HCO_3^-，在高 pH 情况下将 Fe^{3+} 转换成 $Fe(OH)_3$ 沉淀去除；同时添加其他净水剂进行沉降净化、絮凝，去除悬浮固体及污油；利用水质稳定剂协同进行阻垢、缓蚀和杀菌处理。最终通过水处理剂的协同作用达到去除油、悬浮物固体颗粒、游离 CO_2、HCO_3^-、S^{2-}、总铁离子等，实现稳定净化水水质、控制系统腐蚀的目的。处理后净化水能稳定达到塔河油田碳酸盐岩油藏注水开发企业水质标准《碳酸岩油藏注水水质主要指标》(Q/SHXB0178—2016)，也为后续满足砂岩油藏注水水质标准的水处理工艺打下了基础[49]。

采用电化学预氧化水质改性技术后净化水水质达标率提高到 95% 以上，能从源头上保障注入水水质稳定达标，满足碳酸盐岩油藏注入水水质要求；处理后注入水水质与地层配伍性好，具有理想驱油效果，注水驱油开发效果提高，能保证油田平稳注水开发，有效提高原油产量和采收率。实践应用证明，处理效果较为显著，水质均达到了设计净化水质指标要求，相关数据见表 5.4 和表 5.5。

表 5.4 电化学预氧化装置在某油田的应用情况表

序号	应用地点	数量/台	总处理水量/(m³/h)	投产时间
1	一号联合站	3	9000	2015 年
2	二号联合站	1	5000	2017 年

表 5.5 各联合站外输水水质

样品名称	取样时间	含油量/(mg/L)	悬浮物固体含量/(mg/L)	悬浮物颗粒直径中值/μm	pH
一号联合站外输水	2018/12/10	8.97	5.07	8.68	6.72
	2018/12/11	9.84	5.19	8.09	6.73
	2018/12/12	7.70	7.35	5.90	6.71
	2018/12/13	5.77	7.41	7.84	6.75
	2018/12/14	5.02	2.89	5.45	6.82
	2018/12/15	8.50	9.58	7.40	6.81

续表

样品名称	取样时间	含油量/(mg/L)	悬浮物固体含量/(mg/L)	悬浮物颗粒直径中值/μm	pH
二号联合站外输水	2018/12/10	7.34	1.22	4.02	6.82
	2018/12/11	8.33	8.05	8.20	6.84
	2018/12/12	6.09	9.14	8.22	6.70
	2018/12/13	5.43	6.08	8.96	6.71
	2018/12/14	4.27	8.59	6.82	6.72
	2018/12/15	6.73	7.88	6.90	6.73
四号联合站外输水	2018/12/10	9.84	6.94	6.09	6.63
	2018/12/11	6.58	7.04	6.67	6.81
	2018/12/12	6.56	6.95	7.70	6.81
	2018/12/13	7.97	6.94	6.63	6.63
	2018/12/14	6.57	7.76	8.00	6.84
	2018/12/15	5.86	9.82	6.48	6.73

化学预氧化水质改性技术在塔河油田四号联合站成功应用。通过加注预氧化剂并配合脱硫剂实现了水体中不稳定总硫去除,再经过改性工艺实现了水质净化、水质稳定及降低水体腐蚀速率。采用化学预氧化水质改性技术后净化水水质达标率提高到92%以上,能从源头上保障注入水水质稳定达标,满足碳酸盐岩油藏注入水水质要求;处理后注入水水质与地层配伍性好,能保证油田平稳注水开发,有效提高原油产量和采收率。

对比电化学预氧化水质改性技术和化学预氧化水质改性技术发现,电化学预氧化水质改性技术运行成本具有优势。以一号联合站(采出水处理量 12000m³/d)运用电化学预氧化水质改性技术处理采出水的处理成本及运行成本为例进行分析。电化学预氧化装置一次性投资高,但运行成本低。以一号联合站水处理流程为例,建设投资为390万元,但折算为每立方米的运行成本为0.01~0.04元。因此电化学预氧化更适合高矿化度酸性采出水的预氧化处理。采用电化学预氧化水质改性技术药剂综合成本为 1.51 元/m³,采用化学预氧化水质改性技术药剂综合成本为2.50 元/m³,电化学预氧化水质改性技术成本优势明显。

电化学预氧化装置是电化学预氧化水质改性工艺流程的核心装置之一,能有效去除不稳定离子。电极板是预氧化装置的重要部件,需要在日常运行中进行刮垢、除泥作业。2017 年 2 月进行电化学预氧化装置检修,发现电极板结垢严重(图 5.5),直接影响到水

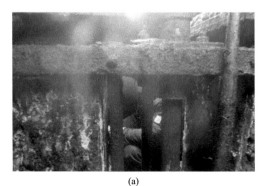 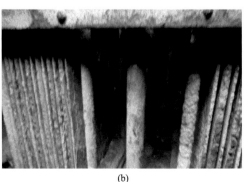

(a)　　　　　　　　　　　　　(b)

图 5.5　电化学预氧化装置结垢情况

处理效果。这是由于水体中含有一定量的 CO_2，在水中存在电离反应，同时生成大量的 CO_3^{2-}，水体中存在的 Ca^{2+}、Mg^{2+} 等离子会在阴极结垢，需要定期对电化学预氧化装置电极板进行维护，反应过程如式(5.6)~式(5.8)所示。

5.3 悬浮污泥过滤技术

5.3.1 技术背景

由于塔河油田采出水水体高含总铁、高含总硫的特性，采用传统的重力除油、混凝沉淀、压力过滤三段法采出水处理工艺后，实际出水水质不稳定，不能完全达到注水标准。悬浮污泥过滤技术将混凝、澄清、过滤工艺集合在一套装置中，减少了水处理流程的构筑物，操作及维护更为简便。由于悬浮污泥罐独特的结构设计，悬浮污泥沉降技术排泥简单通畅，停留时间短，处理效率高，工艺流程短，对来水水质条件要求不高，对油田采出水处理具有明显的效果及优势。

5.3.2 技术原理

1. Stokes 定律

水中悬浮物的沉降速度可以用斯托克斯(Stokes)定律描述(当 $Re \leqslant 2$ 时，呈层流状态)，沉降速率公式如式(5.9)所示：

$$u = g(\rho_s - \rho_1)d_s^2 / 18\mu \tag{5.9}$$

式中，u 为颗粒沉降速度，m/s；d_s 为颗粒直径，m；ρ_s、ρ_1 为颗粒和液体的密度，g/cm^3；g 为重力加速度，m/s^2；μ 为液体黏度，Pa·s。

2. 同向凝聚理论

同向凝聚是使细小颗粒凝聚长大的作用，是流体扰动使颗粒之间碰撞而结合的结果。若有效碰撞分数为 a_p，水中相碰撞的粒子为同一种颗粒，则因有效碰撞使颗粒减少的速率可以用式(5.10)表示(假设颗粒是球形)：

$$-\frac{dn}{dt} = \frac{2}{3}n^2 a_p z^3 \frac{du}{dz} \tag{5.10}$$

式中，n 为物质的量，mol；t 为沉降时间，s；a_p 为有效碰撞分数，%；z 为颗粒直径，μm；u 为颗粒沉降速度，m/s。

SSF 采出水净化装置中的絮凝沉降和澄清过程可以近似用 Stokes 定律和同向凝聚理论来描述，并计算其相关参数。

3. SSF 装置原理描述

依据 Stokes 定律和同向凝聚理论，当加药后的采出水由罐体底部进入 SSF 采出水净化装置后，由于组件的特殊构造，水流方向发生很大的变化，造成较强烈的紊动。这时采出水中的悬浮颗粒正处于前期混合反应阶段，紊动对混合反应有益。随着后续絮凝不断进行，悬浮颗粒越来越大。悬浮物的絮凝过程到了后期絮凝阶段，紊动的不利影响也越来越大，与絮凝过程的要求相适应，这时混合液流过组件弯折，流速大大降低，且流动开始趋于缓和。因此在固液分离组件下部的很小底层里，絮凝作用已基本完成。

值得注意的是，这个悬浮污泥层是由采出水中的污泥及混凝药剂形成的絮体本身组成的。随着絮体由下向上运动，悬浮污泥层的下表层不断增加、变厚，同时，随着悬浮污泥浓缩室澄清水旁路流动，引导着悬浮污泥层的上表层不断流入中心接泥桶，上表层不断减少、变薄。这样，悬浮污泥层的厚度达到一个动态平衡。当混凝后的出水由下向上穿过此悬浮污泥层时，此絮体滤层靠界面物理吸附、网捕作用和电化学特性及范德瓦耳斯力的作用，将悬浮胶体颗粒、絮体、部分细菌菌体等杂质拦截在此悬浮污泥层上，使出水水质达到处理要求。

如图 5.6 所示，SSF 采出水净化装置打破了传统的静态滤料机械过滤模式，巧妙使用符合 Stokes 定律和同向凝聚理论，用动态缓慢旋转和不断更新的悬浮污泥层作为过滤净化质，实现不用反洗和不怕堵塞的长期稳定过滤净化。

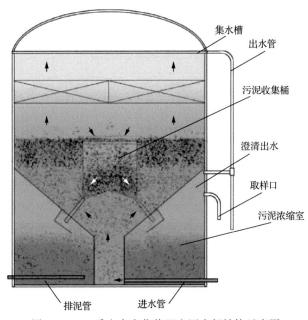

图 5.6 SSF 采出水净化装置应用内部结构示意图

5.3.3 现场应用

SSF 技术在塔河油田 TK1115 水处理流程中应用，主要承担碎屑岩油藏注入水预处理。塔河油田一号联合站采出水处理系统处理后的采出水作为来水水源，设计处理量为 2000m³/d，水质为 A2 级（悬浮物固体含量≤2mg/L，含油量≤6mg/L，悬浮物颗粒直径中值≤1.5μm），处理后采出水通过一条主管线输送至 TK1115、TK7226、AT1、AT9（西扩）

四个注水站进行注水，井口设计注水水质标准为 B1 级（悬浮物固体含量≤3mg/L，含油量≤8mg/L，悬浮物颗粒直径中值≤2μm）。

前端来水进入除油缓冲罐，在此可以去除大部分的浮油、分散油，部分乳化油被去除。可保证除油缓冲罐出水，含油量在 100mg/L 以下，除油缓冲罐出水用提升泵提升进入 SSF 悬浮污泥净化装置，在提升泵进水管线上投加净水剂和絮凝剂，在提升泵后的静态混合器加药口处投加助凝剂。

采出水与药剂经过充分混合，直接进入 SSF 采出水净化装置。采出水在 SSF 采出水净化装置内完成反应、絮凝、沉淀、过滤和污泥浓缩全过程，在 SSF 采出水净化装置内形成悬浮污泥层，以去除水中的悬浮物、油类，使出水满足注水水质要求。定时将 SSF 采出水净化装置产生的污泥静压排入污泥池，每运行 12～24h 污泥浓缩室存满后实施一次排泥操作，排泥时间为 5～10min，SSF 采出水净化装置最大水量下的排泥量为 5～10m³/次（污泥含水率 98%左右）。

SSF 技术在塔河油田应用能满足注入水水质要求，且净化水水质稳定。该工艺在生产运行中对来水水质条件要求不高，且来水在装置中停留时间短，综合处理成本为 0.682 元/m³，能满足高效、低成本的水处理工艺需要（相关费用见表 5.6 和表 5.7）。同时，充分利用水力学原理使药剂达到最佳效果并最大程度节省药剂，而且 SSF 采出水净化装置在常压状态下工作运行，并且不需要传统的反冲洗设施，所以 SSF 采出水净化装置一次性投资少。

表 5.6　药剂用量和费用表

序号	药剂名称	加药量/(mg/L)	单价/元	合价/(元/m³)
1	净水剂	50	6000	0.3
2	絮凝剂	30	3500	0.105
3	助凝剂	1	80000	0.08
	合计			0.485

表 5.7　综合运行费用 　　　　　　　　　（单位：元/m³）

序号	名称	费用
1	药剂费	0.485
2	电费	0.097
3	维护费用	0.100
	合计	0.682

SSF 技术净水效果主要依靠水中悬浮物固体和加注净水药剂产生的污泥共同形成的滤层，在实际运行中来水经过污泥滤层后得到净化。滤层的控制直接关系净水效果，这需要净水药剂效果和运行工艺参数控制可靠，药剂加注浓度和滤层参数控制不合理会直接导致净化水水质不合格。另外，一旦装置停运就需要一定时间恢复 SSF 装置中的污泥层。为解决 SSF 技术存在现场工艺参数控制难度大的问题，下一步还需提升 SSF 技术的自动化程度。

5.4　一体化高效就地分水回注技术

5.4.1　技术背景

常规的油田采出水运行模式为各油井采出水先经接转站转输至联合站，经站内采出水处理流程处理后，联合站净化水再通过管输将低压水输至注水区域中心，通过注水站进行区域集中注水。以塔河油田 2017 年开发数据为例，该油田产水量为 560.4×10^4t，注水量为 448.3×10^4t，总体来看产水量在满足注水量需求的基础上略有富余。2017 年各厂产、注水情况见表 5.8，可知油田各区域水量分布不均。这造成了采出水管网及处理系统运行负荷大、能耗高等问题，主要问题如下所述。

表 5.8　塔河油田各厂产、注水情况数据表

单位	产水量		注水量		剩余水量	
	年产水量 /10^4m^3	平均日产水量/m^3	年注水量 /10^4m^3	平均日注水量/m^3	年剩余水量 /10^4m^3	平均日剩余水量/m^3
采油一厂	326.5	8945	168.6	4619	157.9	4326
采油二厂	79.7	2184	195	5342	−115.3	−3159
采油三厂	125.1	3425	83.5	2288	41.58	1139
雅克拉采气厂	29.1	797	1.2	33	27.9	764

1. 采出水集输干线超负荷运行

随着区块采出液含水率及液量增加，采出水集输干线超负荷运行。塔河油田一号联合站至二号联合站输水干线负荷重，调输水量无法满足"十四五"及后期的需求，并且随着管线运行压力的升高，管道发生刺漏的风险增加。受管道刺漏、管道输水能力影响，采出水外输调峰保障能力弱，水量波动对生产系统产生的影响大，同时带来了较大的环保压力。

2. 采出水长距离无效输送导致能耗大、运行成本高

地层采出液提升至地面后一般会经过加热和长距离集输，就会产生采出水无效加热和长距离输送能耗大的问题。以塔河油田 4-1 站为例，该站为常规接转站，其外输液量为 1800m^3/d，综合含水率为 88%，大量采出水无效加热且长距离(10.5km)往返输送，能耗及运行成本高。

3. 地面处理系统不能满足采出液处理需求

地面系统是按采出液含水率 50% 的处理能力设计，液量的增加和含水率的上升使原有地面系统存在超负荷运行，需要进行适当的技术改造和扩建。技术改造和扩建会增加生产投资需求，造成油田综合开发成本增加。

5.4.2 就地分水回注技术介绍

1. 常规就地分水回注技术

由于东部老油田已整体进入高含水开发期，采出水处理系统超负荷运行，采出水处理能力不足。升级改造采出水处理系统投资大。与此同时，传统的采出水集中处理模式导致大量采出水无效加热和长距离往返输送，增加了泵能耗，运行管理维护等成本高。通过转变集中处理的思维定式，对地层采出液进行预分水，将分离出的采出水处理达标后就地回注是解决这些问题的一个很好的选择。在高含水区块应用高效就地分水回注技术可实现对采出液油气水三相分离，并将水净化后就地回注。该技术可节约大量采出水无效加热和往返输送能耗，与常规采出液处理技术相比可节约投资 50%、节约成本60%、节约占地 70%以上。

就地分水回注装置就像一座小型联合站，适用于井口、井组、计量站、接转站或边缘小油田阀组就地处理回注。就地分水回注技术将采出液脱除大量游离水，并对游离水采用撬装采出水处理模块进行处理，达到注水标准后进行回注，可以简化工艺流程、节约投资、降低能耗和运行成本，是提高高含水油田经济效益的重要手段。目前国内外各油田主要采用一系列常规就地分水装置，主要有三相分离器、水力旋流器和仰角式分水器等。

1）三相分离技术

三相分离器在油田普遍应用，有良好的油气水分离效果，但分离出的水相含油控制指标偏高(含油量≤1000mg/L)，需要配套建设采出水处理流程对分离出水相进行单独处理，存在整体投资大及管理工作量大的问题。

三相分离器运行机理(图 5.7)：油气水混合物高速进入预脱气室，靠旋流分离及重力作用脱除大量的原油伴生气，预脱气后的油水混合物经导流管高速进入分配器与水洗流

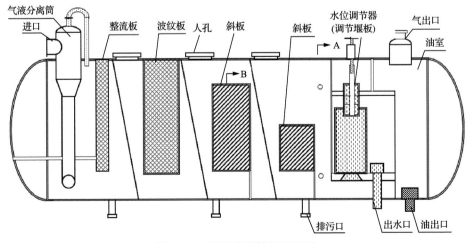

图 5.7 三相分离器结构原理图

室，在含有破乳剂的活性水层内洗涤破乳，进行稳流，降低来液的雷诺数，再经聚结整后，流入沉降分离室进一步沉降分离，脱气原油翻过隔板进入油室后流出分离器，水相靠压力平衡经导管进入水室，从而达到油气水三相分离的目的。

目前对该设备运行状态的关注重点在于分离出油相的含水率。根据监测结果情况来看出油含水情况不理想，出水水质不能得到保证。

2）水力旋流技术

水力旋流技术具有装置结构简单、体积小、质量轻、没有运行部件的特点，是一种节能型油水分离设备，可用于海洋平台、采出水处理站及油井井口装置上。

水力旋流器主要由短圆柱形入口段、收缩段、分离段和圆柱形尾管段四个部分组成。在水力旋流器入口段筒壁上有一个或多个切向入口用于输入待分离的油水混合物，使液体沿切线方向旋转；在其顶面有一个溢流口，用于排除油组分；尾管段的出口为水力旋流器底流出口，用于排出水组分。当油水混合物沿切线方向进入水力旋流器时，装置内壁限制使其流向发生改变，液体形成一个高速旋流的流场。液体受到离心力作用，由于油和水的密度不同，所受离心力大小也不同，产生油水分离的作用。油滴获得的离心力的计算如式(5.11)所示：

$$F = \frac{\pi d^3 (\rho - \rho_o) \omega^2 r}{6} \tag{5.11}$$

式中，F 为油滴获得的离心力，N；d 为油滴直径，m；ρ 为水的密度，kg/m³；ρ_o 为油的密度，kg/m³；ω 为旋流的旋转角速度，s⁻¹；r 为旋转半径，m。

3）仰角式分水技术

仰角式分水技术以重力分离原理为主，具有油水界面大、分离效率高、处理量大的特点。仰角式分水器的典型结构原理图如图 5.8 所示。主要分离原理：由于设备具有一定的倾角，油水混合物进入设备之后，首先在油水相密度差的作用下，油相聚集于容器的上端，并在分离器的壁面上形成一层连续流动的油膜，水相聚集于容器的下端。其次，油相聚集端开始进行重力分离过程，水滴在重力作用下不断从油相中沉降下来，脱除油相中的水；水相聚集端开始进行重力分离过程，油滴在浮力的作用下不断从水相中浮升上来，到达分离器的上壁面时会与油膜聚并，从而除去水相中的油。

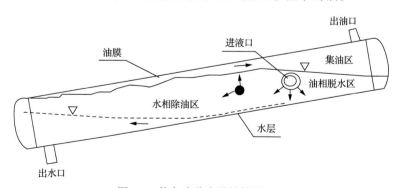

图 5.8　仰角式分水器结构原理图

4）T 形分岔管路分离技术

该技术的基本原理是使油水混合液在流动过程中因受重力作用而自然分层：密度较大的水相下沉到管道的下部，密度较小的油相上浮到直管的上部，形成油水两相的分层流动。当直管中分层的油水两相混合液到达上下 T 形分岔处时，下管上层的油相沿竖直管上升流向上水平管，而上管中下层的水相沿竖直管流向下水平管。这样通过多个 T 形分岔，上直管中流动的就是含水率少的富油相，而下直管中流动的就是含油少的富水相，使油水混合液在上下水平管和竖直管的流动过程中实现了油水的分层和含量的动态交换，达到油水分离的目的。

5）柱形管道式旋流分离技术

针对传统水力旋流器压降大、处理量受最小横截面制约等缺点，通过对传统水力旋流器加以改进形成柱形管道式旋流分离技术。其主要结构为柱形管道，使流体由切向入口进入，并形成强旋流场，最终通过离心作用完成油水分离。在实际生产中，可实现除去采出液 70%以上含水率的目标。

上述五种技术在一定程度上能起到预分水的效果，但分出水含油指标一般较高（500～1000mg/L），需经采出水处理设施进一步处理合格后返输至注水站回注，造成后续采出水处理系统复杂，无法满足地面配套工艺简化的需要。另外，常规设备工程设施投资、占地和运行费用偏高，特别是对于小断块油田、边远区块，其分水处理中采出水系统投资占比更大。

2. 一体化高效就地分水回注技术

由中国石化石油勘探开发研究院和西北油田分公司联合研制的一体化高效就地分水装置（图 5.9）于 2018 年 1 月在塔河油田 4-1 站投运。一体化高效就地分水回注技术通过将多种预分水技术有机组合，可直接分出高含水原油中的部分采出水并将其处理以达到回注标准，现场应用具有很好的适用性，可解决高含水油田生产成本和投资过高的问题。

图 5.9　一体化高效就地分水装置图

1）站内就地分水工艺流程

进站来液进入 1#油气分离缓冲罐后再进入新建的一体化高效就地分水装置，低含水油进入 2#油气分离缓冲罐，通过外输泵与加热炉后外输至一号联合站，进一步进行脱水处理。一体化高效就地分水回注装置脱出的游离水进入后端的过滤撬进行过滤，出水合格后进入净化水罐，并通过采出水外输泵输至 TK408 注水站。工艺流程见图 5.10 和图 5.11。

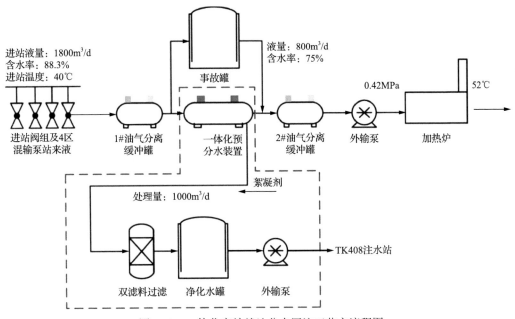

图 5.10　一体化高效就地分水回注工艺主流程图

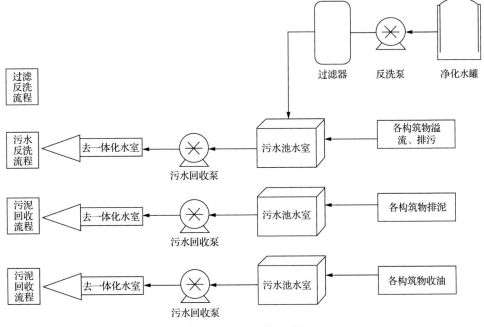

图 5.11　辅助工艺流程图

一体化高效就地分水回注技术可直接分出高含水原油中的大部分采出水，并将其处理达到回注标准，有很好的适用性。该技术的核心是一体化撬装装置，由主体撬块和耐污染精细过滤撬块组成。主体撬块可根据生产需要进行设计，可实现高含水原油的分水和采出水净化，分水率超过 50%，出水含油量、悬浮物颗粒直径中值均不高于 50mg/L。耐污染精细过滤撬块(长×宽×高=12.2m×2.44m×2.9m)日处理规模 240m³，出水水质含油量≤5mg/L、悬浮物颗粒直径中值≤1μm。传统三相分离器要经过除油器、沉降罐、缓冲罐三级处理，处理时间为 7~8h；一体化高效就地分水回注技术中的网格管快速油水分离技术可在 3min 内完成油水分离。耐污染精细过滤撬块的主要目的是精细处理，使水质满足低渗透油藏注水需要[50]。而对于对水质要求较低的中高渗透油藏，可进一步优化装置结构，取消增压、过滤模块，实现采出水分离后就地回注。

一体化高效就地分水回注装置是针对高含水采出液高效处理撬装装置。该装置集成了高效旋流、多相快速分离两项核心技术，以及聚结等技术，同时具有预分水和采出水处理功能，可在 1h 内预分出高含水原油中 50%以上的采出水，并对分离出的采出水进行净化，使出水达到回注标准，投资和占地仅为现有装置的 50%和 30%，运行成本低于常规工艺装置，且安装使用方便，优势明显。

2)处理后各级水质指标要求

工艺设计中通过一体化高效就地分水回注装置可实现对采出液中采出水的初步分离和净化，分离出的采出水能达到"含油量≤50mg/L，悬浮物固体含量≤50mg/L"标准；一体化高效就地分水回注装置出水经过滤器过滤后的净化水水质能稳定满足碳酸盐岩回注水水质标准。工艺流程设计水质指标见表 5.9。

表 5.9　各级水质指标

设备节点	含油量/(mg/L)	悬浮物固体含量/(mg/L)	悬浮物颗粒直径中值/μm
一体化装置出水	50	50	—
耐污染精细过滤撬块	15	10	10

3)一体化高效就地分水回注关键技术

采用"旋流+网格管三相分离+聚结吸附+气浮沉降"进行油水预分离，处理时间短(1h内)，分离效果佳，集成化程度高、占地小，适合用于高含水原油(含水率≥70%)的预分水处理。

(1)高溢流旋流分离技术。

旋流分离技术广泛应用于地面油水分离，其外形尺寸小，结构紧凑，设备成本和操作费用低。油水混合流体通过一个或多个切向入口进入旋流器，流体在装置内加速旋转呈螺旋形流动，建立了旋涡并产生了离心力。离心力致使较轻的物质(油、游离气)游离到旋流器中心，而密度大的物质(水、悬浮物)由于离心力的作用甩到外壁，从而实现了油水分离。通过增大旋流器溢流量降低底流出水含油量。将高溢流旋流器各指标与常规预分水旋流器进行比较，见表 5.10。

表5.10 高溢流旋流器指标与常规预分水旋流器指标比较

指标	高溢流旋流器		常规预分水旋流器
	设计	实际	
溢流比/%	≥50	≥50	一般小于40
工作压力/MPa	≥0.3	≥0.17	0.4~1.0
压力降/MPa	0.1	0.03~0.1	0.2~0.6
出水含油/(mg/L)	≤1000	600~1000	2000
受气体影响	较小	较小	较大

(2)网格管三相分离技术。

网格管技术是使油水混合物在流动过程中因为受重力作用而自然分层,密度较大的水相下沉到网格管的下部,密度较小的油相上浮到网格管的上部,形成油水两相的分层流动,从而实现油水分离。网格管预分水装置一般由分离主管、聚集油管、浓缩泥管组成,主要具有快速、高效的功能特点,相较于常规技术效率高10倍以上。

网格管三相分离技术可实现对高含水采出液的预分水和净化,分水比率超过50%,净化出水的含油量、悬浮物固体含量均不高于50mg/L。通过配套耐污染精细过滤撬块,出水水质可达含油量≤8mg/L、悬浮物固体含量≤3mg/L的水质指标。传统三相分离器要经过除油器、沉降罐、缓冲罐三级处理,处理时间为7~8h;网格管三相分离技术可在3min内完成油水分离。耐污染精细过滤撬块的主要目的是水质的精细处理,使水质满足油藏注水需求。而对于对水质要求较低的中高渗透油藏,可进一步优化装置结构,实现更高效的采出水就地分水回注技术。网格管三相分离技术有效解决了常规处理过程中由于剪切、曝氧等影响造成的采出水水质变化、水型不配伍需要进行深度处理等问题,可大大简化处理工艺、降低投资和运行费用。

5.4.3 现场应用效果评价

1. 装置处理效果

为减轻塔河油田一号联合站至二号联合站输水干线的负荷,同时提高输水干线的输水量,实现整个油区的注采平衡,在塔河油田4-1站采用一体化高效就地分水回注技术降低集输系统运行能耗,同时就近为TK408注水站供水,避免从塔河油田一号联合站至二号联合站干线上取水,保障其输水能力。

现场共建设一套短流程预分水装置和一套过滤撬及相应的配套装置:①一体化高效就地分水装置(新建1座,装置直径为3200mm,装置长度为17208mm),装置进液指标为含水率≥70%,出水水质为含油量≤50mg/L、悬浮物固体含量≤50mg/L。②过滤撬1套,净化水水质为含油量≤15mg/L、悬浮物固体含量≤10mg/L、悬浮物颗粒直径中值≤10μm。

采用一体化高效就地分水回注技术能避免对大量采出水进行无效加热和长距离往复输送,降低了系统能耗与运行成本。其水质达标情况如表5.11所示,根据水质数据分析,一体化高效就地分水回注装置出口水质综合达标率为100%,满足设计要求。

表 5.11　一体化高效就地分水回注装置出口水质达标情况

取样位置	样品个数	含油量指标			悬浮物固体含量指标			水质综合达标率/%
		设计指标/(mg/L)	检测平均值/(mg/L)	单项达标样品数/个	设计指标/(mg/L)	检测平均值/(mg/L)	单项达标样品数/个	
高效就地分水回注装置出口	132	50	22.6	132	50	13.93	132	100

2. 效益分析

1）项目投资及成本

塔河油田 4-1 站实施短流程预分水工程费用 890 万元，现场运行采用原 4-1 站运行管理人员，不增加人工成本，由于采用不加药运行，日常费用为装置维护和过滤器滤料更换，为 10 万元/a。

2）项目效益

无效加热费：为降低采出液输送黏度，普遍采用加热集输技术，通过在进加热炉之前将采出液中采出水高效分离，避免了对大部分采出水的无效加热。按照温升 30℃计算，加热 1m³ 水需要 5m³ 天然气。经计算，全年可节约加热炉燃料气消耗 112.7 万元。

集输能耗费：塔河油田往返集输费用平均为 4.86 元/m³，年降低往返输送采出水费用 22.8 万 m³，全年可节约费用 110.7 万元。

采出水处理费：一体化高效就地分水回注技术处理过程中不加注净水药剂，年处理 22.8 万 m³ 采出水，节约费用 34.4 万元。

水处理系统扩建：塔河油田一号联合站水处理系统设计处理量为 9000m³/a，实际处理量为 11000m³/a，处于超负荷运行。在超负荷运行过程中不能稳定保证水质达标。通过一体化高效就地分水回注技术，将采出液中的采出水进行"源头"处理，降低了水处理系统负荷。虽然 4-1 站分水量不足现联合站采出水处理系统处理量的 10%，但该技术具有示范效益，为高含水区块地面配套建设提供了新的方向；此外，联合站水处理系统处理负荷超出设计标准越多，净化水水质合格率越难控制。一座联合站采出水系统改扩建费用达 2000 万元。

破乳剂加药量：采出液进入联合站后需加注破乳剂进行脱水处理，平均破乳剂加药浓度为 100ppm，采出液脱水成本按 0.5 元/m³ 计算，年降低破乳剂加注费用 11.4 万元。

其他效益：由于预分离后的采出水就地回注，注入水与地层配伍性良好，避免了注入水在集输过程中产生的沿程污染，能最大程度避免注水开发对地层的污染，保障油藏可持续开发。

综上，一体化高效就地分水回注技术主要缓解了集输和采出水处理系统超负荷运行的矛盾。此外，还可产生五个方面效益：①降低采出水往返输送能耗，平均每立方米采出水节约 3.75 元集输能耗费用；②降低采出水无效加热，平均每立方米采出水节约 3 立方米燃料气消耗；③有利于实现回注水与油藏的配伍性；④避免注入水经长距离输送后产生沿程污染；⑤为油田提液开发提供地面集输保障，同时降低运行成本，缓解地面集输、处理站场负荷不足的矛盾，节省地面工程改扩建建设投资。

　　采用的一体化高效就地分水回注技术先进、流程合理。通过现场运行，该技术避免了大量采出水进行无效加热和长距离往复输送，降低了系统能耗与运行成本。以塔河四区 4-1 站就地分水回注项目为例，利用该技术直接产生经济效益 464 万元/a。

第6章 塔河油田注氮气开发地面配套技术

塔河油田属于碳酸盐岩缝洞型油藏，储集空间复杂，以大尺度缝、洞为主，非均质性严重，受地质结构与井眼溢出点位置差异限制，采收率差异大，平均采收率仅为14.8%，亟待探索适合塔河油田的提高采收率技术[51]。

近年来，注氮气提高采收率在碳酸盐岩缝洞型油藏中取得了较好的效果。截至2018年底，塔河油田累计注氮气$7.8×10^8Nm^3$，新增原油$185×10^4t$，注氮气提高采收率技术已经成为油田稳产的主要开发技术之一。在注氮气开发过程中论证了地面制氮气、注氮气及注氮气增油技术的经济可行性，优选了合适的制氮气(下面简称制氮)、注氮气工艺，成本控制合理。同时随着注氮气规模的扩大，产出伴生气中氮气含量不断上升，天然气热值降低，制约了天然气的销售，因此研发经济合理的天然气脱氮气技术也较为急迫。面对这些问题，开展了以"制氮气工艺优选""含氮气天然气处理"为核心的地面工程技术研究，形成了一系列制氮气、注氮气、含氮气天然气处理工艺技术，为碳酸盐岩缝洞型油藏注氮气提高采收率打下了坚实的基础。

6.1 制氮工艺技术

6.1.1 制氮工艺优选

目前制氮工艺主要有三种：一是工厂化深冷制氮；二是变压吸附制氮；三是膜制氮。另外，为了得到高纯度氮气，针对生产纯度较低的膜制氮工艺需要对粗氮进行纯化，目前纯化工艺有加氢纯化和碳载纯化。

1. 深冷制氮

深冷制氮是一种传统的制氮方法，已有近几十年的历史。它是以空气为原料，经过压缩、净化，再利用热交换使空气液化成为液态空气。液态空气主要是液氧和液氮的混合物。利用液氧和液氮的沸点不同，可以通过液态空气的精馏使它们分离来获得氮气。

如图6.1所示，空气首先被吸入自洁式空气过滤器，在其中除去灰尘及其他机械杂质，然后进入进气压缩机，经过压缩后的气体进入空气预冷系统中的进气冷却器，在其中被水冷却和洗涤。进气冷却器采用循环冷却水和经水冷塔冷却过的低温水冷却，进气冷却器顶部设有游离水分离装置和独特的防液泛装置，以防止工艺空气中游离水分带出。出空气预冷系统的工艺空气进入空气纯化系统，吸附除去水分、二氧化碳、碳氢化合物。

出空气纯化系统的洁净工艺空气进入主换热器，被返流气体冷却至液化点后进入精馏主塔。在精馏主塔中，上升气体与下流液体充分接触，传热传质后，上升气体中氮的浓度逐渐增加。部分纯氮气进入主塔顶部的主冷凝蒸发器被冷凝，冷凝液氮返回主塔顶部作为回流液。在气氮冷凝的同时，主冷凝蒸发器中的液态空气汽化，剩余部分纯氮气作为产品抽出塔外。

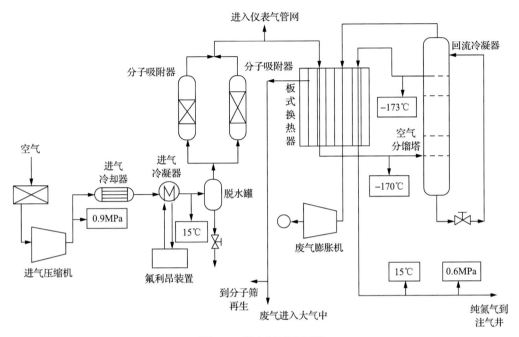

图 6.1　深冷制氮流程图

主冷凝蒸发器中液态空气汽化后得到的污氮气分成两部分：一部分经过冷凝器、液化器复热后进入透平膨胀机膨胀制冷，膨胀后的污氮气经主换热器复热后出冷箱。另一部分进入副塔下部，作为其原料气进一步精馏。纯氮气进入副塔顶部的副冷凝蒸发器被冷凝，冷凝后的液氮部分返回副塔顶部作为回流液，剩余部分经过工艺液氮泵增压后，进入主塔顶部作为主塔回流液。

副塔底部的富氧液态空气经过冷凝器过冷后进入副冷凝蒸发器，蒸发后经过冷凝器复热并与膨胀空气混合后再经主换热器复热出冷箱，部分作为纯化系统再生气，剩余部分到水冷塔激冷冷却水。

产品氮气从精馏主塔顶引出，经主换热器复热至常温出分馏塔。产品纯度能达到99.9%甚至99.99%。

2. 膜制氮

空气中的氮气和氧气由于膜两侧的压差作用在膜中的溶解度和扩散系数不同，渗透率快的水蒸气、氧气等气体先渗透过膜，成为富氧气体，而渗透率较慢的氮气则滞留富集，成为干燥的富氮气体，达到氧氮分离的目的。

膜制氮装置采用薄膜技术从空气中分离氮气。每一氮气分离器内装有数百万根由聚合物材料做成的圆柱形空心纤维管。每根纤维管的直径与人的头发丝差不多，其物理性能比较特殊，可以有选择性地筛选气体分子。当空气从一端注入纤维管后，各种气体分子会从纤维管壁渗透出来。氧气、二氧化碳、水蒸气的渗透率比氮气高许多倍，在抵达纤维管末端时，绝大部分氧气、二氧化碳、水蒸气已从纤维管管壁渗出，从管心排出的气体为高纯度氮气。膜制氮气工艺流程见图6.2。

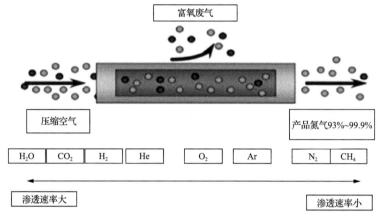

图6.2　膜制氮气工艺流程图

膜制氮气装置[52]按功能分空气供给系统、空气预处理系统和气体分离系统三大部分，各自的组成和作用如下。

空气供给系统主要由空气压缩机组、油气分离器和气水分离器组成，产生压缩空气，并自动调节空气流量。

空气预处理系统主要由空气缓冲罐、冷干机、聚合过滤器、活性炭过滤器、粒子过滤器和电加热器组成，能滤除空气中的油、水和灰尘等杂质，提供纯净的气体。电加热器能自动控制气体的出口温度，使温度稳定在25～43℃。

气体分离系统主要由氮气分离器和氮气缓冲罐组成，能从原料气中分离出氮气，纯度达95%～98%。

若采用膜制氮注气，在生产过程中需要进行气体监测，目前国内外将氧气含量的安全标准设为5%，当测得氧气含量接近此值时，应及时采取措施关井，必要时压井。原油集输采用单罐计量，产出气体放空，以防发生爆炸。

3. 变压吸附制氮

以压缩空气为原料、碳分子筛作为吸附剂，在一定压力下，利用空气中氧气、氮气在碳分子筛微孔中的吸附量及扩散速率的差异，达到氧气、氮气分离的目的。较小直径的氧分子扩散较快，较大部分进入分子筛固相；较大直径的氮分子扩散较慢，较小部分进入分子筛固相，从而实现氮气在气相中的富集，氮气纯度可以达到99.9%。变压吸附制氮工艺流程见图6.3。

4. 制氮工艺技术对比

三种工艺优缺点对比见表6.1。

综上，高纯度（99.99%以上）、较大产量（3000m³/h以上）时，选用深冷制氮气；低纯度（98%以下）、产量较小（3000m³/h以下）时，选用膜制氮气；高纯度（99%以上）、产量较小（1000m³/h 以下）时，选用变压吸附制氮气。

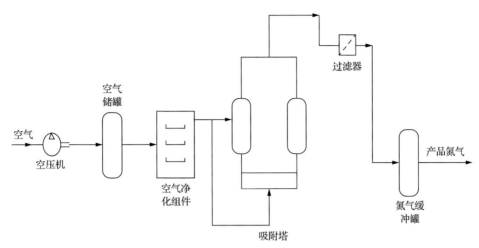

图 6.3　变压吸附制氮气工艺流程图

表 6.1　制氮气工艺优缺点对比表

序号	性能	深冷制氮气	膜制氮气	变压吸附制氮气
1	投资	最高	低(纯度低)—高(纯度高)	中
2	优点	①适合固定大规模制氮气 ②稳定性强 ③氮气纯度 99.99%	①工艺流程简单、稳定性强 ②占地面积小，可移动性强 ③节能运行成本低 ④气量调节方便 ⑤集成化程度高，操作方便	①分子筛使用寿命长 ②气量调节方便 ③集成化程度高，操作方便 ④氮气纯度 99.9%
3	缺点	①设备占地面积大 ②运行成本高 ③集成化难度大，不便于现场运行和维修	目前国内膜寿命为 3～5 年，且氮气纯度受膜质量影响很大，氮气纯度为 95%～98.5%，纯度大于 98%后，投资比变压吸附制氮气高 15%	①不适合频繁移动，容易造成分子筛破碎 ②撬装设备体积大 ③分子筛寿命受质量和操作影响大
4	氮气类型	液氮/氮气	氮气	氮气
5	可搬迁性	不易	容易，可频繁	容易，不易频繁搬迁
6	撬装化	难度大	易撬装，体积小	易撬装，体积大
7	占地面积	最大	最小	适中
8	规模	大于 3000m³/h	小于 3000m³/h	小于 1000m³/h

6.1.2　塔河油田注氮气纯度确定

国内辽河油田、胜利油田及克拉玛依油田注氮气驱油主要采用氮气采泡沫及氮气蒸气混注模式，主要注气装置为膜制氮气装置，氮气纯度为 95%，塔河油田初期注氮气实验也采用膜制氮气工艺，氮气纯度为 95%；华北雁翎油田在气水交替注气驱油阶段采用深冷制氮气工艺，氮气纯度达 99.5%以上。

95%纯度的氮气剩余成分主要为氧气，塔河油田近几年为注水、盐水扫线、伴水输送等特殊生产工况，受溶解氧气的影响，腐蚀问题十分突出，而注气所带入的氧气含量远远高于溶解氧气的量，其潜在的腐蚀风险极高，尤其是井下套管。

碳钢在水溶液中的腐蚀主要有四个过程，如式(6.1)～式(6.5)所示。在阳极，铁放出电子成为离子进入溶液：

$$Fe \longrightarrow Fe^{2+}+2e \tag{6.1}$$

电子从阳极铁素体流入阴极渗碳体。在阴极，溶解氧气在渗碳体上吸收电子生氢氧根离子：

$$O_2+2H_2O+4e \longrightarrow 4OH^- \tag{6.2}$$

在水中，阴极、阳极的反应产物结合生成 $Fe(OH)_2$ 沉淀：

$$Fe^{2+}+2OH^- \longrightarrow Fe(OH)_2 \tag{6.3}$$

溶解氧气向金属表面的输送使腐蚀过程得以持续，这是决定腐蚀速度的一步。溶解氧气还可以使 $Fe(OH)_2$ 进一步氧化成 Fe_2O_3：

$$4Fe(OH)_2+O_2+2H_2O \longrightarrow 4Fe(OH)_3 \tag{6.4}$$

$$2Fe(OH)_3 \longrightarrow Fe_2O_3+3H_2O \tag{6.5}$$

根据对胜利油田续注压缩饱和湿空气调研，某井连续2年注空气，风量为10m³/min，后发现该井腐蚀、结垢十分严重。该井深1320m，400m以上腐蚀较轻，400～800m腐蚀严重，在1200m处断裂。

塔河油田常用的防腐措施如缓蚀剂选型是根据油田特定的环境进行选择评价的，其针对性和适用性具有一定的范围，其中除氧剂的含量只能解决微量溶解氧气的影响，由于现场制氮气注气氧气含量高，所需除氧剂量更大，以除氧效果较好的亚硫酸钠为例，百万立方米氮气(按2.5%氧含量计算)所需除氧剂达到281t，不过如此多的除氧剂如何加注是个问题，其加注后的影响(结垢)也是问题。

根据目前国内制氮气工艺水平，采用制氮气纯度最高的深冷制氮气，氮气纯度亦在99.99%，如要进一步提高氮气纯度，需要在后端增加纯化装置，但是最高纯度也只能达到99.999%～99.9999%，即注入氮气中必然会存在氧气，目前工艺无法解决该问题。因此，塔河油田采用较为经济可行的工业用氮气纯度99.5%作为指标。

6.2 现场应用

6.2.1 制氮气现场工艺

目前西北油田分公司全部为单井制氮气注氮气，单井注气量在5万Nm³/d。集中制氮气注氮气只针对4口注气井，总注气量为20万Nm³/d。

1. 单井制氮气注氮气

单井变压吸附制氮流程：空气压缩机→高效除油器→冷干机→空气缓冲罐→空气过滤器→变压吸附撬→氮气缓冲罐→注气压缩机(包含空冷器)→注气井。

环境空气先由空气压缩机压缩至 0.8MPa，经过后冷却器冷却后进入除油器及过滤器后继续进入冷干机进行除水，再经过三级除油过滤器、一级活性炭吸附除油后进入干空气缓冲罐，然后干燥的压缩空气进入制氮机进行氮氧分离，分离出来的富氧空气排入大气，而制出的纯度不小于99.5%的氮气经氮气缓冲罐送至注氮系统。

2. 集中制氮气注氮气

1)深冷制氮+增压+分配计量外输

工艺流程：空气→空气过滤器→空气压缩机→空气预冷系统→空气冷却塔→空气纯化系统→精馏塔→冷凝器→透平膨胀机→氮气压缩机。

(1)过滤、压缩、预冷及净化。

空气首先被吸入自洁式空气过滤器，在其中除去灰尘及其他机械杂质，然后进入空气压缩机，经过压缩后进入空气预冷系统，空气在压缩机级间压缩产生的热量被中间冷却器中的冷却水带走。

压缩后的气体进入空气预冷系统中的空气冷却塔，在其中被水冷却和洗涤。空气冷却塔采用循环冷却水和经水冷塔冷却过的低温水冷却，空气冷却塔顶部设有游离水分离装置和独特的防液泛装置，以防止工艺空气中游离水分带出。

出空气预冷系统的工艺空气进入用来吸附除去水分、二氧化碳、碳氢化合物的空气纯化系统，纯化系统中的吸附器由两台立式容器组成；两台吸附器采用双层床结构，当一台运行时，另一台则由来自冷箱中的污氮气通过电加热器加热后进行再生。

(2)空气精馏。

出空气纯化系统的洁净工艺空气进入主换热器，被返流气体冷却至液化点后进入精馏主塔。在精馏主塔中，上升气体与下流液体充分接触，传热传质后，上升气体中氮气的浓度逐渐增加。部分纯氮气进入主塔顶部的主冷凝蒸发器被冷凝，冷凝液氮返回主塔顶部作为回流液。在气体氮气冷凝的同时，主冷凝蒸发器中的液态空气汽化，剩余部分纯氮气作为产品抽出塔外。

主冷凝蒸发器中液态空气汽化后得到的污氮气分成两部分：一部分经过冷凝器、液化器复热后进入透平膨胀机膨胀制冷，膨胀后的污氮气经主换热器复热后出冷箱。另一部分进入副塔下部，作为其原料气进一步精馏。纯氮气进入副塔顶部的副冷凝蒸发器被冷凝，冷凝后的液氮部分返回副塔顶部作为回流液，剩余部分经过工艺液氮泵增压后进入主塔顶部作为主塔回流液。

副塔底部的富氧液态空气经过冷凝器过冷后进入副冷凝蒸发器，蒸发后经过冷凝器复热并与膨胀空气混合后再经主换热器复热出冷箱，部分作为纯化系统再生气，剩余部分进入水冷塔激冷冷却水。

产品氮气从精馏主塔顶引出，经主换热器复热至常温。

2）变压吸附+增压+分配计量外输

该制氮气流程如图 6.4 所示：空气压缩机输出压缩冷却空气→空气净化装置→第二级过滤器→空气储罐→PSA（变压吸附）氧氮分离装置→第三级过滤器→氮气缓冲罐→流量计→99.9%氮气输出。

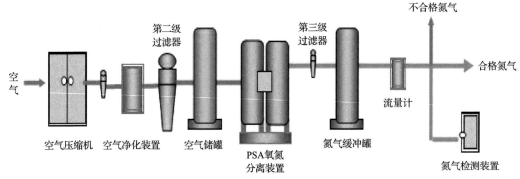

图 6.4 变压吸附原理图

（1）空气增压。

空气经 3 台微油螺杆空气压缩机压缩空气（微油螺杆空气压缩机性能稳定，易损件较少，适应沙漠高温、低温高沙尘环境），排气压力为 0.75MPa，过经高效除油器（三级过滤）除去大部分油、水、尘埃后，进入 2 台冷冻式干燥机，再进入精密过滤器（空气净化装置），再进入填充颗粒状活性炭的活性炭吸附器，使残油含量至≤0.001ppm、尘埃微粒直径≤0.01μm，过空气储罐后进入 2 个填装吸附剂的变压吸附分离系统，即 PSA 氧氮分离装置。

（2）吸附。

洁净的压缩空气由吸附塔底端进入，气流经空气扩散器扩散以后，均匀进入吸附塔，进行氧氮吸附分离。

（3）再生。

经均压和减压（至常压），脱除所吸附的杂质组分（主要为氧气），完成吸附剂的再生。

两个吸附塔吸附和再生交替循环操作，从出口端流出氮气，然后进入氮气缓冲罐，之后生产纯度≥99.9%的氮气（可调），氮气输出压力为 0.6MPa（可调），氮气露点为–40℃。

6.2.2 现场氮气注入工艺

自 2012 年开始塔河油田对四区部分低产、低效油井进行试注探索，取得了一定成效，下面以 TK404、TK416 井为例，对试注探索过程进行阐述。

1. 注氮气

TK404 井注气正常施工泵压 44.5～48.5MPa, 正常施工排量 20m³/h, 最高施工泵压 49.9MPa, 最高施工排量 21.7m³/h。在 4 个阶段的注气过程中, 随注气量的增大, 泵压均有所爬升, 泵压升高 3MPa 左右。

TK404 井自 2012 年 4 月 14 日～4 月 17 日分四个阶段进行注气施工, 每个阶段注入一定量的氮气后用 80m³ 油田水顶替井筒中的气体进入地层, 第二天再继续注气。注气过程中进行了 6 次停泵压降测试, 分别在 20.2m³/h、19.7m³/h、10.3m³/h、6.1m³/h 等液氮排量下进行了停泵, 对应不同日注气量下的实测摩阻分别为 5.6MPa、4.9MPa、3.2MPa、1.4MPa。即注气量在 9.2 万 m³/d 条件下, 摩阻为 1.4MPa; 注气量在 15.5 万 m³/d 条件下, 摩阻为 3.2MPa; 注气量在 29.7 万 m³/d 条件下, 摩阻为 4.9MPa; 注气量在 30.4×10⁴m³/d 条件下, 摩阻为 5.6MPa。注气施工过程中的施工曲线见图 6.5。

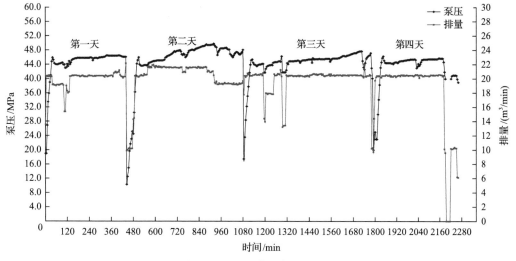

图 6.5　TK404 井注气施工曲线

通过对 TK404 井四天停泵压降曲线的分析, 可以得出不同排量下的注气压差。前 3d 都是在大排量下停泵, 且测压降时间仅为 30min, 因此停泵稳定压力选取 4 月 17 日低排量下的停泵稳定值 38.8MPa, 注气压差随着排量的不同在 0.7～5.6MPa 变化。计算吸气指数在 5 万～18 万 m³/(d·MPa)。在四个注气压差下实测到的吸气指数随着泵压、排量的不同而有所波动, 原因是注气后井眼附近地层起压, 导致计算的吸气指数变小。TK404 井注气压降测试曲线见图 6.6, 测试结果见表 6.2。

2. 水气混注

考虑到国产压缩机等级级别低, 目前最大压力等级为 40MPa, 而国外进口压缩机价格高, 且供货周期长达两年以上, 为了尽快开展注气现场规模试验和应用, 在 T416 井上开展了水气混注现场试验, 以求取不同水气混注比下的井口注气压力。T416 井水气混注试验参数见表 6.3。

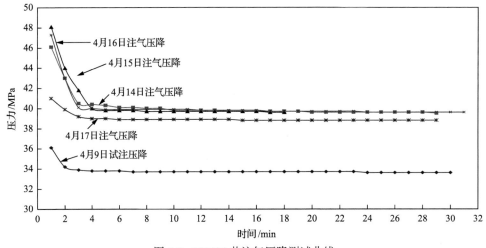

图 6.6 TK404 井注气压降测试曲线

表 6.2 TK404 井注气压降测试结果表

	日期			
	2012 年 4 月 14 日	2012 年 4 月 15 日	2012 年 4 月 16 日	2012 年 4 月 17 日
标态下注气量/(万 m³/d)	30.4	29.7	15.5	9.2
总注液氮量/m³	146	218	229	136
停泵前注气压力/MPa	45.9	44.9	43.1	40.9
停泵压力/MPa	40.3	40	39.9	39.5
摩阻/MPa	5.6	4.9	3.2	1.4
稳定压力/MPa	38.8	38.8	38.8	38.8
注气压差/MPa	1.5	1.2	1.1	0.7
吸气指数/[万 m³/(d·MPa)]	19.0	24.7	15.5	23.0

表 6.3 T416 井水气混注试验参数

水气排量比(m³/m³)	水排量		液氮/(m³/h)	标态氮气/(m³/h)	水排量：标态氮气/(m³/万 m³)
	m³/h	m³/d			
1∶108	3.6	86.4	6	93312	9.26
1∶648	6	144	6	93312	15.43
1∶432	9	216	6	93312	23.15
1∶324	12	288	6	93312	30.86
1∶259	15	360	6	93312	38.58
1∶216	18	432	6	93312	46.3
1∶108	18	432	3	46656	92.59
1∶540	3.6	86.4	3	46656	18.52
1∶405	4.8	115.2	3	46656	24.69
1∶324	6	144	3	46656	30.86
1∶259	7.5	180	3	46656	38.58
1∶216	9	216	3	46656	46.3

现场试验表明，随着水气排量比的增大，注入压力逐渐降低。水气混注能够达到降低井口注入压力的效果，可通过注气伴水降低注气井井口注入压力从而降低压缩机的压力等级，从而达到用现有国产压缩机在塔河油田奥陶系油藏注气施工的目的。水气混注试验结果见表 6.4。

表 6.4　T416 井水气混注试验结果

水气排量比 （m³/m³）	注入压力 /MPa	停泵压力 /MPa	井筒摩阻 /MPa	井底压力计算 /MPa	地层压力 /MPa	注入压差 /MPa
1∶1080	29.3	28.4	0.9	52.56	47.5	5.06
1∶648	26.4	24.2	2.2	52.2	47.5	4.7
1∶432	23.5	20.9	2.6	52.67	47.5	5.17
1∶324	21.7	18.9	2.8	53.64	47.5	6.14
1∶259	19.2	16.1	3.1	53.24	47.5	5.74
1∶216	18.7	15.3	3.4	54.41	47.5	6.91
1∶108	13.6	10.7	2.9	56.89	47.5	9.39
1∶540	25.6	24.4	1.2	54.03	47.5	6.53
1∶405	23.6	21.9	1.7	54.32	47.5	6.82
1∶324	16.7	16.3	0.4	51.04	47.5	3.54
1∶259	11.7	11	0.7	48.14	47.5	0.64
1∶216	10.4	9.5	0.9	48.61	47.5	1.11

3. 水气交替注入

T416 井注气试验时试验了水气交替注入情况。试验前先用 2 倍井筒容积的油田水压井，将井筒压力降至 0MPa 后，再开始进行注气试验。水气交替注入分三个阶段进行：第一阶段为液氮排量为 6m³/h 下水气交替注入试验；第二、第三阶段为液氮排量为 3m³/h 下水气交替注入试验，在第二和第三阶段中间短暂大排量注入了 200m³ 液氮，以弥补地层的压力亏空，然后再进行液氮排量为 3m³/h 下水气交替注入试验。T416 井水气交替注入试验曲线见图 6.7，水气交替注入泵压变化见表 6.5。

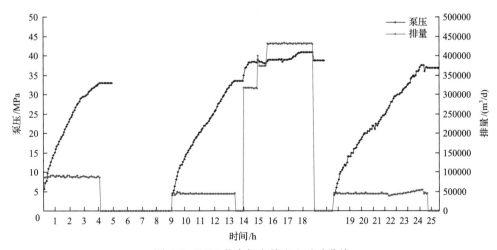

图 6.7　T416 井水气交替注入试验曲线

表 6.5 T416 井水气交替注入泵压变化情况

液氮排量/(m³/h)	换算日注气量/m³	泵压/MPa			
		1h	2h	3h	4h
6	90000	16.6	24.4	29.7	32.9
3	45000	14.6	20.4	25.6	31.8

第一阶段试验液氮排量为 6m³/h 时,最高泵压为 32.9MPa;第二阶段液氮排量为 3m³/h 时,最高泵压超过 40MPa;第三阶段受大排量注液氮弥补地层亏空的影响,液氮排量为 3m³/h 时,最高泵压为 37.5MPa。三个阶段的现场试验证明:从开始注入计时,注气 4h,井口注气压力即可达到 32MPa。水气交替周期短,交替频繁,现场不具备可操作性。

6.2.3 现场注气增油效果

2009 年,针对缝洞型油藏高部位剩余油水驱难以动用的问题,提出了缝洞型油藏注氮气提高采收率技术,2012 年取得重大突破后,2013 年扩大试验,2014 年迅速推广,建立了缝洞型油藏注氮气提高采收率技术体系,并实现了规模化应用。

如图 6.8 所示,截至 2018 年 8 月底,塔河油田缝洞型油藏单井注氮气已累计实施 478 口,1152 井次,累计注气 7.04 亿 m³,累计增油 192.6 万 t;单元注氮气驱替原油已实施 71 个井组,累计注气 3.08 亿 m³,累计增油 61.6 万 t。

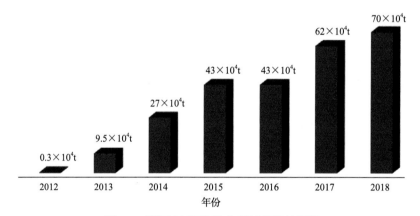

图 6.8 塔河油田历年注气增油量统计情况

第7章　塔河油田地面工程节能新技术及应用

塔河油田以稠油为主，原油在集输、处理过程中均需加热，能耗较高。而且塔河油田所处沙漠环境，尤其是一些较为偏远和分散的油井加热集输较为困难。塔河油田根据所处的地理环境和自然环境情况，开展了太阳能热电一体化综合利用技术攻关与应用，并通过对生产实际中产生的余热和单井加热炉存在的问题开展了烟气余热加热原油技术和加热炉高效火嘴应用及自控改造技术应用，有效利用了太阳能和烟气余热加热原油，降低稠油集输能耗，提升了单井加热炉效率，提高了能量利用率。

7.1　太阳能热电一体化综合利用技术

7.1.1　技术背景

西北油田分公司塔河油田地处新疆南部沙漠戈壁地区，太阳能利用潜能巨大。偏远单井通常采用拉油流程，地面原油通过装车泵装车，需人工值守，在黏度较大的稠油井需对原油加热，因此在地面建设中需配套电缆、燃气管线，建设周期长、投资大。

研究表明，新疆太阳能资源尤为丰富，年日照时数为 2550～3500h，比我国同纬度地区高 10%～5%，比长江中下游地区高 15%～25%。西北油田分公司选取了典型偏远单井进行太阳能热电一体化综合利用技术应用。

7.1.2　太阳能热电一体化综合利用技术介绍

1. 井场光伏发电系统

E101 井场光伏发电系统主要由多晶硅电池板阵列、3 台并网逆变器、6 台双向逆变器、15kW 柴油发电机、并联控制器、蓄电池组、通信监控系统等部分组成，设计总容量为 41.4kW，光伏发电系统主要结构框架如图 7.1 所示。

光伏阵列主要将太阳能转为电能。每个阵列由 20 块多晶硅电池板组成，电池板功率为 230W，整个系统共 180 块，合计 41.4kW。并网逆变器主要将多晶硅电池板阵列产生的直流电源转变为 380/220V 的交流电源。双向逆变器主要是当蓄电池组需充电时将交流电源转化为直流电源，当蓄电池组需放电时可将直流电源转化为交流电源。并联控制器的主要作用为检测并自动控制多晶硅电池板、蓄电池组、柴油发电机等各设备的运行状态，达到为负载提供可靠电源的目的。柴油发电机主要是在冬季或非常规天气光照条件不足时作为光伏发电系统的补充备用电源。蓄电池组的主要作用为储存太阳能发电的电能并可随时向负载供电，系统共建 2 组 50V、5000Ah 蓄电池组，总装机容量为 10000Ah。通信监控系统主要将系统运行数据上传至管理中心或实现远程遥控功能。

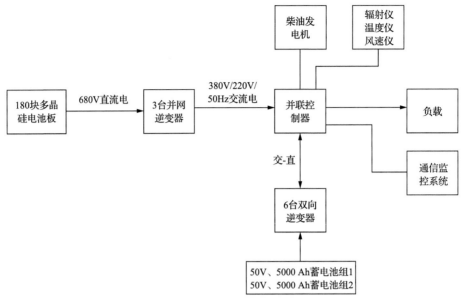

图 7.1 光伏发电系统主要结构示意图

2. 太阳能加热原油系统设计

1) 原理介绍

目前聚光型太阳能集热系统主要有槽式、塔式、蝶式、菲涅尔式,目前工业化应用的主要是槽式、塔式、菲涅尔式。菲涅尔式部分迎风面小,抗风沙能力强,更适合于戈壁地区,因此选用菲涅尔式集热器[53]。

E101 井原油加热采用天然气加热与太阳能加热相结合的方式。其主要原理:通过太阳能集热系统将导热油加热,加热后的导热油通过换热器与原油换热,换热后的原油进入储油罐储存。当夜间、阴雨天或冬季导热油温度不高时开启燃气加热炉补充热量,以达到节约天然气的目的;当导热油热量富余量较多时,部分导热油进入导热油储油器,供夜间使用。导热油加热原油工艺原理如图 7.2 所示。

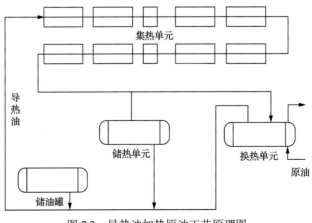

图 7.2 导热油加热原油工艺原理图

2) 太阳能加热原油系统规模计算

原油加热所需热量计算如式 (7.1) 所示：

$$Q = M_O C_O + M_W C_W + M_Q C_Q \tag{7.1}$$

式中，Q 为每月日均加热单井混合物所需总热量，kJ；M_O、M_W、M_Q 分别为原油、水、天然气的日均产量，t；C_O、C_W、C_Q 分别为原油、水、天然气的比热容，J/(kg·℃)；

太阳能集热面积计算如式 (7.2) 所示：

$$M = \frac{Q}{Q_{SM} \eta_T \eta_E (1 - \varphi)} \tag{7.2}$$

式中，Q 为每月日均加热单井混合物所需总热量，kJ；M 为每月日均加热所需太阳能集热面积，m²；Q_{SM} 为每月日均当地太阳能每平方米辐照量，kJ；η_T 为线性菲涅尔式太阳能集热器光热转换效率，取 0.5；η_E 为换热器效率，取 0.85；φ 为管路损失，取 0.1。

由表 7.1 可知，不同季节所需太阳能集热面积差异较大，其范围为 159～955m²，结合投资和热量需求综合考虑，E101 井安装太阳能集热面积为 500m²。

表 7.1　每月日均太阳能集热面积计算表

季节	进口温度 /℃	出口温度 /℃	升温 /℃	加热炉功率 /kW	燃料气需求 /(m³/d)	热量需求 /(MJ/d)	太阳辐照 /(MJ/d)	所需太阳能集热面积 /m²
春季	17	38	21	35	103	2252	20	316
夏季	23	35	12	20	58	1284	21	159
秋季	21	38	17	28	82	1795	14	394
冬季	12	45	33	54	157	3449	10	955

7.1.3　现场应用

1. 单井生产情况

示范单井 (以下简述为 E101 井) 距最近的接转站 18km。E101 井平均产液 50t/d，产气 70m³/d，黏度为 1378mm²/s，含蜡量为 9.38%。单井采用拉油流程，由于原油含蜡量较高、黏度较大，为保障采出液在井口及拉运过程保持较好的流动性和减少结蜡，春季、秋季、冬季需保持原油温度大于 45℃，夏季保持原油温度大于 35℃。

2. 单井用电情况

E101 井用电主要包括生活和生产用电量两部分，最大功率不超过 23kW。用电负荷明细如表 7.2 所示。

3. 光伏发电现场应用情况

如图 7.3 和图 7.4 所示，E101 井光伏发电系统自 2014 年 3 月正式投运，2014 年 4～10 月光伏发电电量满足井场用电负荷需求，2014 年 3 月、2014 年 11 月～2015 年 3 月需使用柴油发电机发电补充光伏发电的不足。

表 7.2　E101 井用电负荷表　（单位：kW）

序号	负荷名称	运行季节	功率
1	值守人员生活设施用电	冬季	6
		夏季	4
2	井场照明、监控系统等	全年	1.5
3	热水循环泵	冬季	7.5
4	导热油循环泵		8
	最大负荷容量	冬季	23
		夏季	21
	平均负荷	冬季	15
		夏季	7

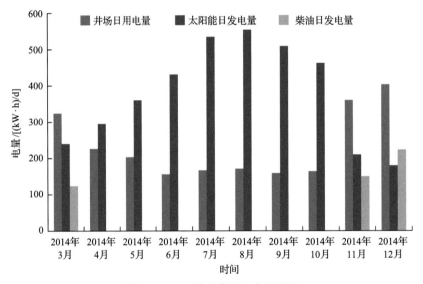

图 7.3　E101 井光伏发电应用情况

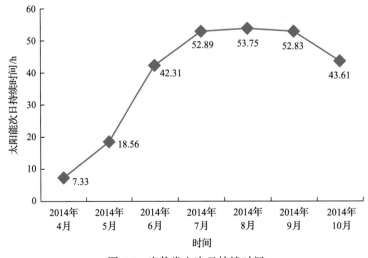

图 7.4　光伏发电次日持续时间

由图 7.4 可知，在 2014 年 4～10 月，由于日照时间相对较长，环境温度较高，光伏发电系统除满足当日需求外，还能补给受沙尘暴、阴雨天带来的影响，7 月、8 月、9 月可满足后续供电高达 50h 以上。

4. 太阳能加热原油现场应用情况

2014 年 4 月，该技术在西北油田分公司示范单井运行。2014 年 4～10 月仅依靠太阳能满足加热需求；2014 年 11 月～2015 年 3 月，依靠单井生产伴生气作为单井燃料气，满足原油加热要求。太阳能加热原油系统运行情况如表 7.3 所示，装置如图 7.5 所示。

表 7.3　太阳能加热原油系统运行情况表

时间	进口温度/℃	出口温度/℃	燃料气实际消耗量 /(m³/d)	燃料气理论需求量 /(m³/d)	节约燃气 /(m³/d)
2014 年 4～10 月	22	35	0	64	64
2014 年 11 月～2015 年 3 月	14	45	65	151	86

图 7.5　太阳能热电一体化综合利用装置

5. 经济效益分析

光伏发电年发电量为 56280kW·h，柴油机发电成本按 3 元/(kW·h)计算，可节约发电费用约 16.9 万元/a；柴油发电机由 30kW 改用 15kW，减少柴油机租赁费用 10 万元/a，即采用光伏发电可节约 26.9 万元/a。

采用太阳能加热原油可节约天然气量如式(7.3)所示：

$$N = \frac{\Delta Q_{save}}{q_L} = \frac{A_C J_T (1-\eta_c)\eta_{cd}}{q_L} \tag{7.3}$$

式中，N 为太阳能加热原油可节约天然气量，Nm³/a；ΔQ_{save} 为太阳能年节约能量，MJ；

A_C 为系统太阳能集热面积，m^2；J_T 为当地的年太阳直射辐照量，MJ/m^2；η_{cd} 为集热器年均集热效率，%；η_c 为管路损失率，%；q_L 为单位体积天然气产生的有效能量，MJ/m^3。

式 (7.3) 中，$A_C = 500m^2$，$J_T = 6000MJ/m^2$，$\eta_c = 10\%$，$\eta_{cd} = 50\%$，换热效率按 85% 计，年节约天然气 $60000m^3$。天然气价格按 1.2 元/m^3 计，可增加效益 7.2 万元。

6. 环境效益分析

根据相关资料，1L 柴油约发电 $9.98kW \cdot h$，1kg 柴油完全燃烧排放 CO_2 质量为 3.19kg，由于光伏发电可节约电量 56280$(kW \cdot h)/a$，节约柴油约 5639L/a，即可减少 CO_2 排放 5639 $\times 0.72 \times 3.19 \approx 12952kg/a$。按 $1m^3$ 天然气燃烧产生 1.8kg CO_2 计算[4]，节约天然气 6 万 m^3 可减少 CO_2 排放 108000kg/a。因此，E101 井采用太阳能热电一体化综合利用技术可产生效益 34.1 万元/a，减少 CO_2 排放 24.23t/a 左右。

7. 投资回收期分析

E101 井太阳能热电一体化综合利用装置总投资为 300 万元，按目前效益为 34.1 万元/a 计算，投资回收期约为 8.8 年。虽目前投资回收期较长，但随着该技术的推广，设备批量生产后，建设成本将进一步降低。若推广至接转站，替代功率更大的加热炉，效益将进一步提高。

太阳能热电一体化综合利用技术可有效解决偏远单井用电、原油加热难题。4～10 月，采用太阳能热电一体化综合利用技术可满足井场用电和原油加热需求；11 月至次年 3 月，采用光伏发电与柴油发电互补和太阳能加热原油与伴生气加热原油互补的方式，可满足井场用电和原油加热需求。E101 井采用太阳能热电一体化综合利用技术可节约成本 34.1 万元/a，减少 CO_2 排放 24.23t/a 左右，具有较好的经济与环境效益。该技术可为西北油田分公司或国内其他油田偏远单井地面配套建设提供参考，促进绿色油田建设。

现场应用情况表明，采用太阳能热电一体化综合利用技术可以有效解决偏远单井供电和原油加热问题，具有较好的经济与环境效益，还可以为国内其他油田偏远单井太阳能综合利用提供借鉴。

7.2 烟气余热加热原油技术

7.2.1 技术背景

近年来，随着我国天然气资源的不断有效开发，大量油气田站场都配套建设有天然气发电机组。据估算，在天然气发电机组消耗的天然气所产生的能量中，只有 35%～45% 转化为电能，剩余的大部分能量被烟气排放、冷却水等带走，造成大量热能浪费。

以塔河油田为例，该油田位于塔克拉玛干沙漠边缘，建有 2 座燃气电站，装机总容量为 89MW。其中发电一厂运行索拉燃气发电机组 3 台，单台装机容量 13MW，总安装容量为 39MW，机组用能效率仅为 35%，机组排出大量高温烟气，热能利用率较低，同时，发电一厂周边相对集中的油田工业和生活采暖用热仍然需要消耗大量天然气资源；发电二厂运行布朗燃气发电机组 2 台，单台装机容量为 25MW，总安装容量为 50MW，机组用能效率仅为 32%，机组排出大量高温烟气，热能利用率较低。

　　为充分利用发电机组余热为周边用热单位提供热源，提高能源利用率，塔河油田分别开展发电一厂、发电二厂发电机组烟气余热利用工程，实现由单一热能发电转变为热电联产用能模式[54]。

7.2.2　余热利用技术

　　目前，余热利用的主要方式有余热利用、余热制冷、余热发电及冷热电三联供综合利用等，而油气田中燃气发电机组余热多采用余热利用、余热制冷形式，其余热利用模式主要包括以下几个方式，如表 7.4 所示。

表 7.4　国内余热利用方案汇总表

序号	方案	用途
1	余热锅炉	制取热水或供暖
2	氨水机组	冷库等低温设备制冷或供暖
3	溴化锂机组	供暖或制冷

　　1. 余热锅炉

　　余热锅炉是利用烟气进行供热。高温烟气经烟道输送至余热锅炉入口，经过内部换热装置，最后经烟囱排入大气，烟气出口温度一般为 150℃，烟气温度从高温降到排烟温度，所释放出的热量用来加热冷水或产生水蒸气。

　　常用的余热锅炉有卧式余热锅炉和立式余热锅炉。

　　卧式余热锅炉多为自然循环，小机组如尖峰机组经常是双压系统，大机组、三压机组通常将中压和再热系统结合起来使用以提高热效率。用于 F 级燃机的典型余热锅炉燃气流量可达 1362t/h，温度接近 621℃。对应于这些烟气，锅炉不带补燃，大约可产生 182t/h、12.4MPa/566℃ 的过热水蒸气和 227t/h、2.75MPa 的再热水蒸气。若烟道燃烧器提供补燃，用于同样的 F 级的燃机，可以产生 454t/h 的过热水蒸气。

　　立式余热锅炉比卧式余热锅炉的设计更适用于调峰和负荷跟踪。可通风的蛇形管(有时候叫长号式管)布置允许自由膨胀。"壳体加温"设计可保证壳体的膨胀与管束一致，以减少热应力。立式余热锅炉水容量较少，热惯性小，其疏水系统易拆卸，最低的压力点离地 6m 左右。余热锅炉运行流程如图 7.6 所示。

　　2. 氨水机组

　　氨水机组对高温烟气进行制冷或供热，以氨为制冷剂，可获取 0℃ 以下低温环境。采用氨-水作为工质对，以氨为制冷剂，水为吸收剂。氨水机组可采用空冷，不仅能用于冷冻冷藏系统，还能用于大中小型冷暖空调及供热水系统，耐久性和可靠性强。但是由于氨与水在相同压力下汽化温度比较接近，系统内需要采用精馏的方法，在精馏塔内提高氨蒸气的质量分数。如图 7.7 所示，高温烟气经过氨水机组后温度会降到约 150℃，工业制冷时，制冷温度为 –60～5℃。

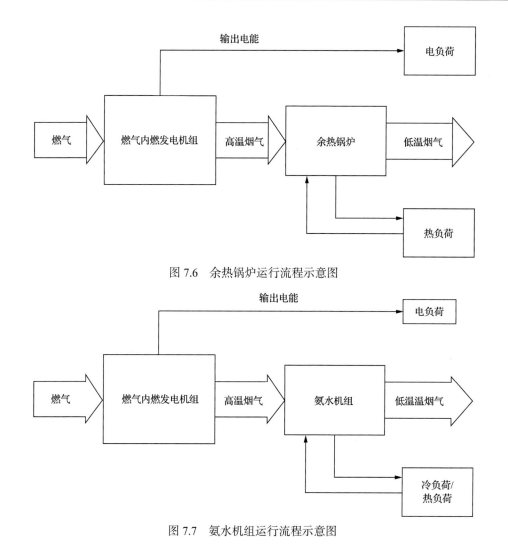

图 7.6 余热锅炉运行流程示意图

图 7.7 氨水机组运行流程示意图

3. 溴化锂机组

溴化锂机组可以通过热水、烟气等余热进行制冷和供暖。采用水-溴化锂溶液为工质对，热力系数较高，运行安全，能有效利用余热，已广泛应用于建筑物空调、区域制冷采暖等大型空调系统中。但以水作为制冷剂，不能得到 0℃以下的蒸发温度，只能提供以 4℃左右为下限的冷冻水，并且机组应具有防止结晶和机内腐蚀的措施。

如图 7.8 所示，高温烟气经过溴化锂机组后温度会降到约 150℃；冷却水流经溴化锂机组后会有约 6℃的温降；建筑制冷时，冷水温度变化为(12℃→7℃)；建筑供暖时，热水温度变化为(55℃→60℃)。

7.2.3 现场应用

根据塔河油田发电一厂、发电二厂燃气发电机组烟气排放量、烟气排放热量、周边用热形式和用热需求等信息，开展了塔河油田余热综合利用工程，其中发电一厂新建 3

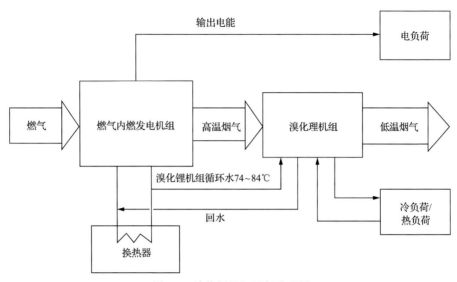

图 7.8　溴化锂机组运行流程图

台 14MW 的强制循环余热锅炉，并配套建设换热站及供热管网，对燃气轮机产生的高温烟气进行余热利用，为附近用热单位供热及供暖；发电二厂新建 1 台 38MW 自然循环余热锅炉，对燃气轮机排放的高温烟气进行高效利用，供给塔河采油二厂生产用热。

1. 发电一厂余热利用

发电一厂在 3 台索拉燃气机组后分别新建了 3 台立式强制循环余热锅炉，并配套建设换热站及供热管网。发电一厂余热利用总流程为：燃气机组的烟气→燃气机组烟道→余热锅炉→用热单位→余热锅炉(图 7.9)。

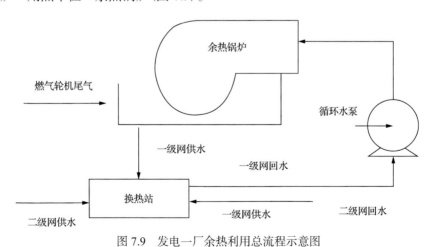

图 7.9　发电一厂余热利用总流程示意图

1) 强制循环余热锅炉

发电一厂余热锅炉为强制循环余热锅炉(图 7.10)。其结构先进合理，与燃气式发电机组相配套，特别适应于快速启停，对燃气轮机负荷适应性强，占地面积小，运行性能稳定，操作方便，可确保联合循环发电机组的长期安全、可靠、高效、经济运行。

图 7.10　强制循环余热锅炉现场图

电厂余热利用流程如下。

(1)高温流程(供联合站的生产和采暖及采油一厂、联合基地东苑的生活用热)：余热锅炉(130℃)→换热站→热用户回水(70℃)→循环水泵 1→余热锅炉。

(2)低温流程(供采油一厂、联合基地东西苑、卸油站等单位的建筑物供暖)：余热锅炉(95℃)→换热站→热用户回水(70℃)→循环水泵→余热锅炉。

余热锅炉采用高低温两套闭式热水循环系统来确保系统正常运行。为保障供热系统的安全运行，设置带止回阀的循环水泵的旁路、在循环水泵进口设置安全阀及在循环水泵出口设置带止回阀的自来水补水回路。供热系统采用补水泵进行连续定压补水，采用压力自动调节阀来控制补水量。

锅炉的烟气流程：燃气轮机发电排放的尾气进入锅炉高温烟气三通挡板门，上部直接接旁路烟囱，后部接余热锅炉的进口烟道。正常运行时，通过调节三通挡板门的开度即控制进入余热锅炉的烟气量来调节锅炉出口的流量和温度，通过启闭烟道之间的关断阀来调整燃气轮机的启停。

发电一厂余热锅炉冬季采用 2 用 1 备，夏季采用 1 用 2 备的运行方式。

冬季高温系统最大、最小供热负荷：1#余热锅炉挡板开度最大值为99.98%时，进口烟气温度为 389℃，出口烟气温度为 152℃；1#余热锅炉挡板开度最小值为 44%时，进口烟气温度为 373℃，出口烟气温度为 132℃。

冬季低温系统最大、最小供热负荷：3#余热锅炉挡板开度最大值为79.84%时，进口烟气温度为 366℃，出口烟气温度为 130℃；3#余热锅炉挡板开度最小值为 13.95%时，进口烟气温度为 355℃，出口烟气温度为 75.98℃。

夏季高温系统最大供热负荷：2#余热锅炉挡板开度最大值为78.84%时，进口烟气温度为 373℃，出口烟气温度为 60.73℃；2#余热锅炉挡板开度最小值为 8.4%时，进口烟气温度为 401℃，出口烟气温度为 86℃。

根据现场实际运行情况可以看出，余热锅炉进出口烟气温度差设计值为 340℃，实际为 236～315℃。

2）供热管网运行情况

余热锅炉产生高温水输送至各单位原锅炉房内，将锅炉房改造为换热站，再通过已建的二级网输送给用户。

目前发电一厂附近设 9 座换热站，分别为采油一厂厂部换热站、联合基地东苑换热站、联合基地西苑换热站、塔河油田一号联合站换热站、采油一厂轻烃站队部、卸油站换热站（未运行）、特管中心环保站、特管中心环保站生活区、309 基地。

高温系统运行参数：锅炉高温出水汇管温度为 118℃，回水汇管温度为 64℃，高温热水流量为 243m³/h，压力为 0.3MPa。

低温系统运行参数：锅炉低温出水汇管温度为 92℃，回水汇管温度为 62℃，低温热水流量为 287m³/h，压力为 0.36MPa。

一级供热管网流程图见图 7.11。

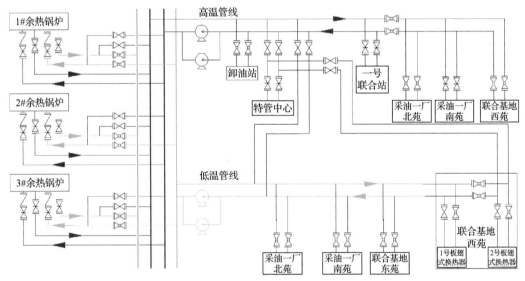

图 7.11　一级供热管网流程图

3）自控系统

锅炉房操作间建有 1 套数据采集与监视控制（SCADA）系统，包括锅炉房可编程逻辑控制器（PLC）系统及换热站的远程终端单元（RTU）系统。PLC 系统负责完成站内信号的采集、显示和控制，并能够接收换热站 RTU 上传来的数据，实现了锅炉及换热站压力、温度、流量参数计量，但是站内及各终端用户热能未计量，并且锅炉高低温进出口等重点位置阀门为手动操作。

4）用热单位

（1）生产用热。

生产用热主要用于一号联合站的重质油和中质油加热。一号联合站新建了 10 台换热器，包括换热面积 $F=126m^3$ 的 4 台管壳式换热器(3 用 1 备)、$F=120m^3$ 的 4 台管壳式换热器(3 用 1 备)用于中质油负荷供热及 2 台 $F=16m^3$ 的板翅式换热器(1 用 1 备)用于重质油负荷供热，如图 7.12 所示。

图 7.12 余热利用工程换热器实物图(一号联合站)

联合站换热站的换热流程：中质油和重质油换热器的被加热介质均由联合站现有原油母管引入或接出，与原加热炉系统并联。一旦备用换热器出现故障不能投入使用，即可启动原有加热炉系统加热来确保生产。

(2)生活用热。

生活用热单位包括采油一厂、联合基地、轻烃站生活区等，通过新建板翅式换热器和管壳式换热器来满足用户的用热需求，如图 7.13 所示。

图 7.13 余热利用工程换热器实物图(联合基地)

5)效果评价

发电一厂用热包括原油加热生产用热、周边生活点洗浴热水用热及用热单位采暖用热，用热负荷情况见表7.5。夏季用热负荷为8300kW，冬季用热负荷为20322kW。

表7.5　发电一厂用热负荷汇总表　　　　　　　　　　　　　　（单位：kW）

序号	单位	负荷		备注
		夏季	冬季	
1	一号联合站中质原油加热	3500	3500	生产用热
2	一号联合站重质原油加热	3300	3300	
3	采油一厂北苑	390	390	生活洗浴热水
4	联合基地西苑	710	710	
5	采油一厂南苑	200	200	
6	特管中心环保队	200	200	
7	联合站		580	采暖用热
8	采油一厂锅炉房		2869	
9	轻烃站生活区		168	
10	联合基地西苑		5699	
11	联合基地东苑		1306	
12	特管中心环保站		1400	
	合计	8300	20322	

发电一厂新建的3台立式强制循环余热锅炉的单台锅炉功率为14MW。根据目前发电一厂供热情况来看，供热能力富余较大，尤其是夏季取暖负荷停用后，负荷余量尤为明显。经计算，如表7.6所示，夏季剩余可利用热量为5700kW，负荷利用率为59.3%（1用2备）；冬季剩余可利用热量为7678kW，负荷利用率为72.6%（2用1备）。

表7.6　发电一厂不同季节余热利用情况表

季节	负荷需求量/kW	可利用余热量/kW	剩余可利用热量/kW	负荷利用率/%	备注
夏季	8300	14000	5700	59.3	1用2备
冬季	20322	28000	7678	72.6	2用1备

2. 发电二厂余热利用

发电二厂是塔河油田电网的主力发电站，现有2台单机装机容量为25MW的燃气轮机（1用1备），项目建设前燃气轮机高温烟气为直排状态，为利用发电二厂自排烟气的余热，新建了1台自然循环余热锅炉，锅炉额定压力为1.6MPa，额定温度为204℃，蒸发量为55t/h，供热能力为38600kW。目前夏季余热锅炉负荷利用率为61.9%，冬季余热锅炉负荷利用率为72.3%，年节约天然气量约1300万m^3。

发电二厂在已建2台燃气轮机(1用1备)三通挡板门出口后面新建联合烟道,安装1台余热锅炉及附属设施,余热锅炉供热介质为蒸汽。发电二厂余热利用总流程:余热锅炉生产蒸汽通过蒸汽管网输送至各用热单位,凝结水通过凝结水管网返回(图7.14)。发电二厂总流程可以满足用户用热需求,整体效果较好。

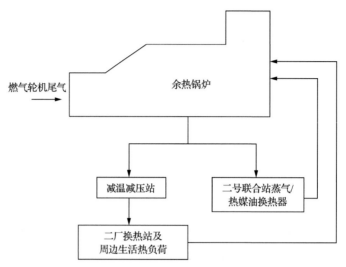

图 7.14　发电二厂余热利用总流程示意图

1)自然循环余热锅炉

发电二厂余热锅炉为单压、无补燃、卧式自然循环余热锅炉,其工作原理和现场应用如图7.15和图7.16所示,运行参数如表7.7所示。其结构合理,能适应燃机负荷变化,运行操作,维修方便,性能稳定,满足快速启停的要求,适宜与燃用天然气燃气轮机相配套,可保证联合循环发电机组长期安全、可靠、高效、经济运行。

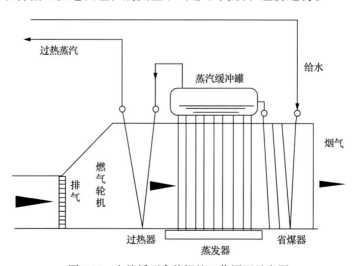

图 7.15　自然循环余热锅炉工作原理示意图

图 7.16　自然循环余热锅炉现场图

表 7.7　发电二厂余热锅炉运行基本参数

序号	内容	设计值	夏季	冬季
1	三通挡板开度/%		60～70	85～98
2	流量范围/(t/h)	55	15～29	20～37
3	外输温度/℃	204.9	192～199	193～195
4	锅筒压力/MPa	1.6	1.31～1.38	1.28～1.33
5	压力波动/MPa		1.25～1.39	1.23～1.38
6	给水量/t		473～515	587～710

　　锅炉烟气流程：烟气从燃气轮机排出，经进口烟道或转弯烟道进入三通烟道，当机组单循环时，烟气经上部调节门由旁通烟囱排空；当需要联合循环时，烟气从三通烟道经调节门和过渡烟道进入锅炉本体，依次水平横向冲刷两级高压过热器、高压蒸发器、高压省煤器和低压蒸发器，最后经出口烟道及主烟囱排空。烟气流向和流量由与三通相连的调节门控制，过程可在主控室遥控，也可在调节门就地手动调节。

　　锅炉汽水流程：给水由高压省煤器入口集箱进入省煤器管屏加热后流入高压锅筒，通过锅筒下部的集中下降管进入高压蒸发器管屏。吸热后上升进入锅筒进行汽水分离。分离后饱和水再进入集中下降管，而饱和蒸汽从锅筒上部引至高压过热器，经过热管屏吸热后由出口集箱引出锅炉。自然循环余热锅炉采用标准单元模块结构，由垂直布置的错列螺旋鳍片管和上下两集箱组成管屏，各级受热面管屏尺寸基本相似。该结构适应能力强，便于布置受热面，检修方便，烟气压降小，能彻底疏排水。

2）余热系统

发电二厂余热回收系统包括烟气系统、水处理系统、热力系统和辅助系统。

（1）烟气系统。

联合烟道接自两台燃气轮机三通挡板门旁通烟气出口，各安装 1 套烟道插板阀后，汇合成一根主烟道接至余热锅炉入口过渡烟道。烟气在余热锅炉中散热后，经烟囱排至大气中。

电厂不接受以热定电的运行方式。当余热锅炉实际需求热负荷小于设计热负荷或燃气轮机排烟参数高于给定值（440t/h、450℃）时，通过调节三通挡板门、增大旁路烟气排量的方式进行负荷调节。热负荷调节的范围为 5.4%～100%，在三通挡板门允许的调节范围内。

烟气系统调节方式：根据余热锅炉出口蒸汽压控制三通挡板门开度。当燃气轮机发电功率与供热负荷相匹配或不足时，旁通烟道关闭，烟气全部通过余热锅炉；否则控制旁路烟道适当打开，排放部分烟气，以防止余热锅炉超温超压。

（2）水处理系统。

供热系统的水损失主要包括锅炉连续排污（1t/h）、热力除氧器内凝结水闪蒸（3.5t/h）和蒸汽供热系统漏损（5.5t/h），共计10t/h。考虑到一定的富裕能力，选择钠离子交换器处理能力为15t/h。

水处理系统的主要连锁控制包括软化水箱液位高低控制软化水泵及钠离子交换器启停。

（3）热力系统。

新建的 1 台余热锅炉吸收烟气余热将水转化为饱和蒸汽，锅炉额定压力为 1.6MPa，额定温度为204℃，蒸发量为55t/h。主蒸汽出口设流量计量装置，蒸汽通过蒸汽管网输送至各用热单位，冷凝后的凝结水利用余压接回热力除氧器。

热力除氧器处理能力为15t/h，安装高度在 5m 左右。由于凝结水回水温度较高，热力除氧器可不考虑蒸汽加热，凝结水和补充的软化水混合，减压蒸发至 0.02MPa、104℃，作为锅炉给水，接至锅炉给水泵入口。考虑凝结水深度利用后温度下降的可能性，将蒸汽接至热力除氧器。

除氧水经锅炉给水泵升压后接至余热锅炉的省煤器入口，吸收烟气热量后继续升温，给水泵出口设给水流量计量装置；省煤器出口的锅炉给水管线上安装液位调节阀后接至锅筒，由锅筒液位控制调节阀开度，以保证连续给水。

热力系统的主要连锁控制包括锅筒液位控制锅炉给水调节阀的开度和紧急排放阀的开关；热力除氧器水箱液位控制除氧水泵出口母管调节阀的开度；除氧器除氧头压力控制进口蒸汽调节阀的开度。

（4）辅助系统。

辅助系统包括排污系统、紧急泄放系统、蒸汽加湿系统、取样系统、冷却水系统及发电二厂采暖换热系统。

3) 烟气脱硝系统

脱硝采用选择性催化还原法(SCR)，还原剂采用 20%的氨水。烟气脱硝系统包括氨水储存及输送系统、氨水蒸发系统、氨气喷射系统和脱硝反应系统。

(1) 氨水储存及输送系统。

氨水储存及输送系统主要设备包括氨水储罐(带水封罐)、氨水卸车泵、氨水计量泵等。氨水通过氨水罐车拉运至氨水储罐附近，通过氨水卸车泵将氨水转存至氨水储罐，氨水储罐中的氨水通过氨水计量泵输送至氨水蒸发系统。氨水储罐布置在敞开式顶棚下。氨水储罐四周设围堰，围堰内设集水坑。氨水罐车卸车计量采用流量计量，在氨水卸车泵出口设流量计，对氨水罐水卸车量进行计量。在氨水储罐设液位计，利用液位控制氨水卸车泵的启停。

(2) 氨水蒸发系统。

氨水蒸发系统主要设备包括氨水蒸发器、稀释风机、空气压缩机组、电加热器等。氨水计量泵输送的氨水通过空气压缩机组提供的压缩空气雾化后进入氨水蒸发器；稀释风机提供的空气通过电加热器加热后进入氨水蒸发器，热空气将雾化后的氨水蒸发，形成含 3%～5%(体积分数)浓度氨气的混合物；氨气通过氨气管道输送至氨气喷射系统。氨水计量泵出口母管设流量计，通过氨水流量连锁控制压缩空气管道调节阀开度和稀释风机出口空气管道调节阀开度。电加热后空气管道设温度检测，连锁控制电加热器的功率。

(3) 氨气喷射系统。

氨气喷射系统主要为氨气喷射管路阀组。氨气喷射系统能确保氨气和空气混合物喷入脱硝段烟道后，在最短距离内与烟气中的 NO_x 充分混合。氨气注入采用格栅式，每根分布管起点设截断阀，靠近氨气注入点安装手动流量调节阀，可根据压力进行调节。

(4) 脱硝反应系统。

脱硝反应系统主要为 SCR 反应器。氨气通过氨气喷射系统进入 SCR 反应器，氨气在反应器中催化剂的作用下与烟气中的 NO_x 反应，生成 N_2 和 H_2O。SCR 反应器进出口各设一套 NO_x 和 O_2 分析仪，并在反应器出口设 NH_3 逃逸分析仪。通过进出口 NO_x 浓度调节氨气管道调节阀的开度。烟气通过脱硝反应系统后，NO_x 浓度低于标准要求的 $50mg/m^3$ 的限值。

4) 自控系统

发电二厂控制室建有 1 套 PLC 系统，采集现场仪表信号，完成泵等转动设备的状态监测和启停。同时二号联合站的 PLC 机柜和发电三厂的 PLC 机柜通过光纤下挂于同一节点总线下，所有的数据可以进行实时交换。操作员的操作站和打印机摆放于发电二厂的已建控制室，与发电二厂已有发电锅炉系统的操作站并列摆放，进行人机互动实时监测。例如，当发电锅炉故障停机，发电锅炉操作站报警时，值班人员可迅速通过操作员的操作站关闭余热锅炉系统并通知二号联合站进行相应动作。

5) 效果评价

发电二厂余热供给西北油田分公司采油二厂生产用热和生活用热。

（1）生产用热。

生产用热新建 4 台螺旋板换热器用于二号联合站相变加热炉区、热媒炉区供热，如图 7.17 所示。

图 7.17　螺旋板换热器

热媒油加热流程：蒸汽沿管网输送至热媒油加热炉区，进入蒸汽-热媒油换热器，为热媒系统供热。在热媒炉区的蒸汽母管上设流量计，在每台换热器进口蒸汽管道上设调节阀，根据热媒油出口温度控制调节阀的开度。

分体相变加热炉区加热流程：蒸汽通过管网输送至相变加热炉区，因蒸汽压（约 1.3MPa）高于分体相变加热炉允许的最高运行压力（0.34MPa），需将蒸汽减压至适当压力后接入分体相变加热炉上部的换热器，凝结水进入下部的炉体，低压凝结水利用余压输送返回发电三厂除氧器。考虑分体相变加热炉在联合站生产运行中的重要性，保留其燃气系统，以便在余热回收系统故障时，迅速切换启动燃气加热，保证联合站工艺系统正常运行。在分体相变加热炉区蒸汽母管上设流量计和减压阀（1 用 1 备），并对减压后的蒸气进行温度检测，设温度高报警，蒸汽管道设安全阀，防止管道超压。在每台分体相变加热炉进口蒸汽管道上设调节阀，通过加热炉原油出口温度控制调节阀的开度。凝结水管道设调节阀，根据炉体中的液位控制调节阀的开度。

（2）生活用热。

生活用热单位包括采油二厂周边生活区和蔬菜大棚采暖供热，分别在锅炉房和蔬菜大棚新建了 2 台管壳式换热器，取代现有的锅炉和水套加热炉（锅炉和水套加热炉保留，在余热回收系统故障时可启用），如图 7.18 所示。

锅炉房蒸汽管道上设流量计，计量蒸汽用量；蒸汽管道上设调节阀，根据气-水换热器出口供水温度控制调节阀的开度。

蔬菜大棚蒸汽管道上也设流量计，计量蒸汽用量，流量计采用具有就地显示和累计功能的流量计；蒸汽管道上设手动调节阀，根据气-水换热器出口供水温度手动调节调节阀的开度。

图 7.18　采油二厂生活区换热器

发电二厂用热包括相变炉加热区、热媒炉区生产用热及采油二厂周边生活区和蔬菜大棚采暖供热。夏季用热负荷为 23833W，冬季用热负荷为 27833kW，如表 7.8 所示。

表 7.8　发电二厂用热负荷汇总表　　　　　　　　　（单位：kW）

序号	单位	负荷		备注
		夏季	冬季	
1	相变炉加热区	19463	19463	生产用热
2	热媒炉区	4370	4370	
3	采油二厂周边生活区锅炉房		2800	生活采暖供热
4	蔬菜大棚		1200	
	合计	23833	27833	

发电二厂新建的 1 台卧式自然循环余热锅炉额定温度为 204℃，蒸发量为 55t/h。根据目前发电二厂供热情况来看，供热能力富余较大，夏季负荷剩余可用热量为 14677kW，余热锅炉负荷利用率为 61.9%；冬季负荷剩余可用热量为 10677kW，余热锅炉负荷利用率为 72.3%，可以满足用热需要，如表 7.9 所示。

表 7.9　发电二厂不同季节余热能力平衡表　　　　　（单位：kW）

季节	负荷需求量	可利用余热量	剩余可用热量
夏季	23833	38500	14667
冬季	27833	38500	10667

综上所述，燃气发电机组尾气余热锅炉热能直接利用方法可提高燃气的利用效率。合理利用燃气发电机机组余热中的低品位热量是一种非常经济的节能降耗方法。

7.3　加热炉高效火嘴应用及自控改造技术

7.3.1　技术背景

截至 2018 年，塔河油田单井加热炉共 685 台，塔河油田 98%的单井加热炉为水套加热炉，功率主要为 200kW 和 400kW，为火筒式间接加热炉[55]，被加热介质为气液混合物（原油、天然气、水混合物），管程设计压力为 4.0MPa，燃料为天然气，耗气量约为 6650 万 m^3/a。在应用过程中主要存在以下几方面问题。

1. 炉内结构有待于优化

(1) 目前使用火嘴气孔规格不统一，气孔直径主要有 4mm、6mm、8mm 三种尺寸。

(2) 炉温与耗气量不成正比，增大耗气量并未使加热炉热效率提高。

(3) 燃气不能充分燃烧，炉膛火焰呈漂浮状态，颜色呈深黄、红交加色。

火嘴和火嘴燃烧分别如图 7.19 和图 7.20 所示。

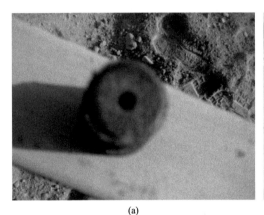 

(a)　　　　　　　　　　　　　　　　(b)

图 7.19　单井水套加热炉火嘴

图 7.20　单井水套加热炉燃烧火焰状态

2. 节能环保效果差

(1)耗气量大,天然气却并未充分燃烧,炉内形成积碳,浪费资源且换热效率低。

(2)未充分燃烧的气体污染环境。

(3)定时清理积碳增加员工劳动强度和劳动费用。

炉内积碳如图 7.21 所示。

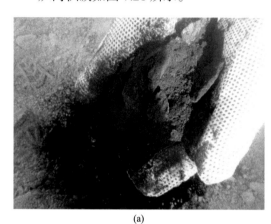 

(a)　　　　　　　　　　　　　　　　(b)

图 7.21　单井加热炉炉内积碳

3. 未实现用气计量且自动化水平提升空间较大

塔河油田在用单井加热炉基本采用人工点火、启炉操作。巡检人员每天巡井三次查看加热炉运行状态,并定期进行补水、清理炉灰、排放采出水等工作。目前单井加热炉未能实现加热炉用气计量,单井加热炉耗气量只能通过站场统计估算。此外,大风天气会出现加热炉熄火,而燃气仍然在持续供给,直到巡检人员到现场才能发现,存在一定的安全隐患。

为降低油气集输能耗,塔河油田对现有问题进行分析,通过对加热炉进行自动控制改造和高效火嘴应用,提升加热炉运行稳定性,提高加热炉效率。

7.3.2　工作原理及改造方法

1. 水套加热炉结构及工作原理

1)水套炉结构组成

被加热介质在壳体内的盘管(由钢管和管件组焊制成的传热元件)中由中间载热体加热,而中间载热体由火筒直接加热的称为火筒加热炉。以水为中间载热体的火筒式加热炉称为水套加热炉,其结构如图 7.22 所示。

2)水套加热炉工作原理

水套加热炉的工作原理如图 7.23 所示,气体或液体燃料通过燃烧器在浸没在炉体下部的火管内燃烧,燃料燃烧产生的火焰和热烟气通过火筒壁传递到炉内的水浴液中去,

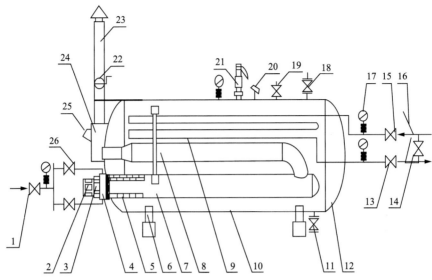

图 7.22　水套加热炉结构示意图

1-燃料总阀；2-二级合风；3-一级合风；4-燃烧器；5-耐火燃烧道；6-鞍式支座；7-火管；8-烟管；9-加热盘管；10-壳体；
11-排污阀；12-人孔；13-出液阀；14-连通阀；15-进液阀；16-温度计；17-压力表；18-加水阀；19-放空阀；20-温度变送器；
21-安全阀；22-烟道挡板；23-烟囱；24-烟箱；25-防爆门；26-燃料阀

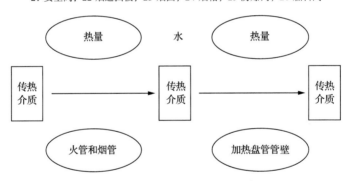

图 7.23　水套加热炉工作原理示意图

然后水浴液把设置在炉体上部的加热盘管内的被加热介质加热。由于要增加换热温差，以便减少换热面积，目前国内使用的加热炉壳体大部分为带压式，设计压力为 0.2～0.4MPa，其设计、制造及管理均属于压力容器的范围。国外使用较多的为常压水套加热炉。

2. 高效火嘴改造方法

管道气体流量的计算是指气体的标准状态流量或是在指定工况下的气体流量。未经温度压力工况修正的气体流量和截面积按式(7.4)和式(7.5)分别进行计算：

$$Q' = vS \tag{7.4}$$

式中，Q' 为气体流量，m^3/h；v 为流速，m/s；S 为截面面积，m^2。

$$S = r^2 \times 3.14 \times 3600 \tag{7.5}$$

式中，r 为管道半径，mm。

经过温度压力工况修正的气体流量的公式为

$$Q' = vS(p \times 10 + 1)(T+20)/(T+t) \tag{7.6}$$

式中，p 为气体在载流截面处的压力，MPa；T 为绝对温度，K；t 为气体在载流截面处的实际温度。

通过式 (7.6) 可看出，气体流量与气体在管道中的流速成正比关系，气体在管道中的流速增大则气体流量增大，反之则气体流量减小。要达到降低耗气量的目的，则需降低气体在管道中的流速。

塔河油田水套加热炉的火嘴气孔常用的有 4mm、6mm、8mm 三种型号，火嘴长度为 50mm。气孔直径过大、火嘴长度偏短，导致火嘴至燃烧口距离 (850mm) 较远，造成喷射出的燃气因流速慢不能产生负压，难以携带空气进入燃烧口形成理想的混合气，在燃气燃烧过程中不能充分燃烧，因此需对火嘴进行改造，改造前后火嘴气孔示意图如图 7.24～图 7.26 所示。

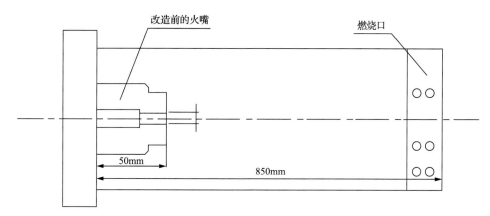

图 7.24　改造前火嘴气孔示意图

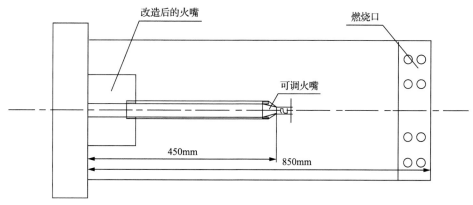

图 7.25　改造后火嘴气孔示意图

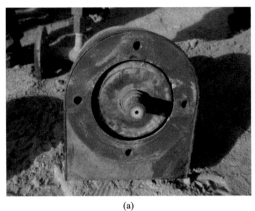 

(a)   (b)

图 7.26　改造后火嘴气孔实物图

改造后的火嘴气孔长度约为 350mm，末端加装了缩径的黄铜火嘴气孔（直径为 2mm），起到节流的作用，使气体在加长的管径中流速降低，压力增大，燃气由火嘴气孔喷射出后压力降低，流速增大，与由风门进入的空气混合，在一定范围内形成最佳混配，使其充分燃烧后在炉体腔室内形成负压。燃气充分燃烧，可减少积碳的形成并提高加热炉的热置换效果，故而可达到降低燃气流量、节约燃气的改造目的。

3. 加热炉自动控制改造方法

塔河油田井口加热炉主要监测参数（如原油出口温度、水浴温度）均需要通过调节燃气流量将其控制在规定范围内，目前只能通过人工调节。监控中心远程监测到加热炉参数变化，通知巡检人员到井场调节燃气阀门开度，劳动强度较大。

由于人工调节无法实现及时调整，当原油出口温度、水浴温度偏高时，不能及时减少燃气量，会造成燃气浪费；当原油出口温度、水浴温度偏低时，不能及时增加燃气量，会造成原油黏度增大，影响输送；当火焰发生熄灭时，不能及时发现，不仅造成燃气浪费，而且重新点火时，容易发生爆燃，威胁人身安全。

因此需要设计控制方案，将原油出口温度、水浴温度控制在合理范围内，并且及时发现火焰熄灭状态。

1）设计思路

建设控制、点火、吹扫、火焰监测单元，并完成控制数据接入井场 RTU 系统，实现单井加热炉自动启停、火焰自动调节、熄火停炉和远程控制功能。

2）设计方案

现有井口加热炉燃气系统由闸阀、过滤器、自力式调节阀等组成，如图 7.27 所示。

井口加热炉温度控制系统如图 7.28 所示，将原油出口温度、水浴温度与燃气自控阀门联锁，通过控制燃气阀门开度来改变燃气流量，从而控制合理的温度范围及燃气流量的有效范围；设置火焰探测器实时监测火焰运行状态，火焰探测器信号上传控制系统，与燃气管道电磁阀联锁，发生火焰熄灭时自动关断燃气，实现了单井加热的自动启停、恒温控制和熄火保护。

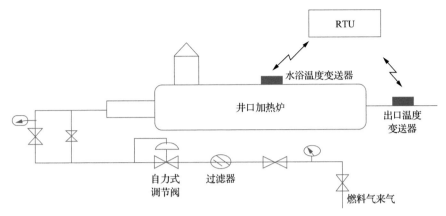

图 7.27　井口加热炉燃气系统现状图

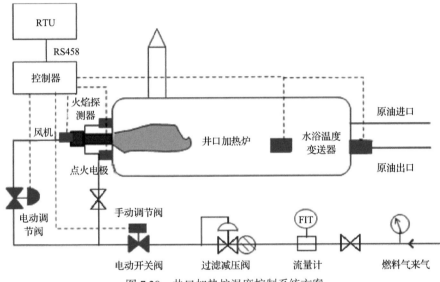

图 7.28　井口加热炉温度控制系统方案

主要技术指标如下。

(1)火焰探测:检测距离不小于 2m、检测响应时间(response time)小于 0.2s。

(2)电磁阀适应管道通径:25mm、15mm。

(3)电磁阀适应管道压力:不低于 2MPa。

(4)火焰探测器/电磁阀防爆等级 EXⅡBT4。

(5)与 RTU 通信接口:RS485、MODBUS 标准协议。

(6)工作电压:24V DC。

(7)工作温度:−20～50℃。

3)通信

单井至计转站通过信息化提升工程,均已建立光缆或无线网桥通信链路,光缆与油气管道同沟敷设。

单井加热炉 PLC 系统数据通过 RS485 通信接口采集至井场 RTU,利用井场已建通信链路实现控制参数和数据上传至采油厂指挥控制中心,RTU 和远程终端开放数据接入,并通过组态软件完成远程监控中心监控画面及参数的组态,实现加热炉远程温度设定。

7.3.3 现场应用

截至 2018 年 12 月,塔河油田对 900 余套单井加热炉进行了高效火嘴应用和自动控制改造。加热炉自动控制系统主要为实现加热炉熄火报警和自动控温功能。该系统由 RTU、智能反馈调节终端、控制系统、自动点火单元、吹扫单元、火焰监测、温度自动控制单元组成。根据采出液出口温度的变化实现加热炉自动启停、火焰自动调节、熄火自动停炉。

以 TH10265、TH10219 两口单井井口加热炉改造后的应用效果评价为例,对加热炉改造效果进行说明。

1. TH10265 井加热炉改造

2018 年 9 月 10 日对加热炉进行了改造,改造前后井口采出液加热温度、日耗气量和吨液耗气量分别如图 7.29～图 7.31 所示。在设定采出液温度为 55℃的条件下,改造后井口采出液加热温度更加平稳。加热炉日耗气量由 100.45m³ 降低至 82.50m³,优化

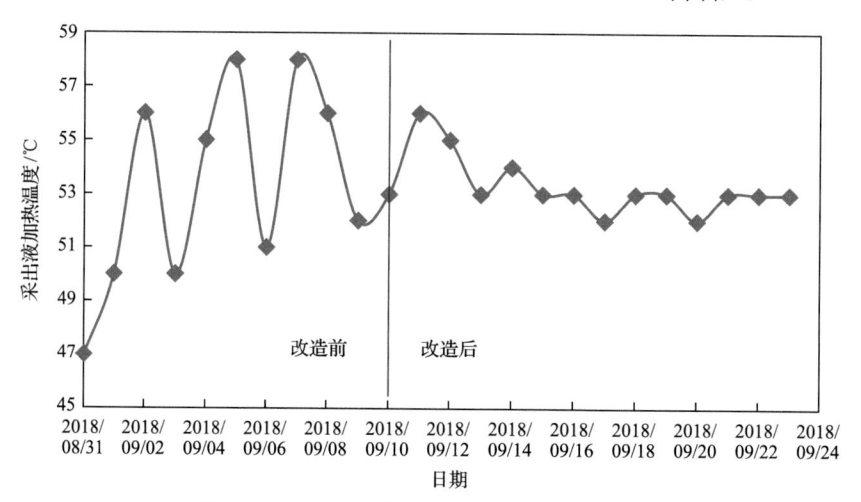

图 7.29　TH10265 井采出液加热温度变化情况

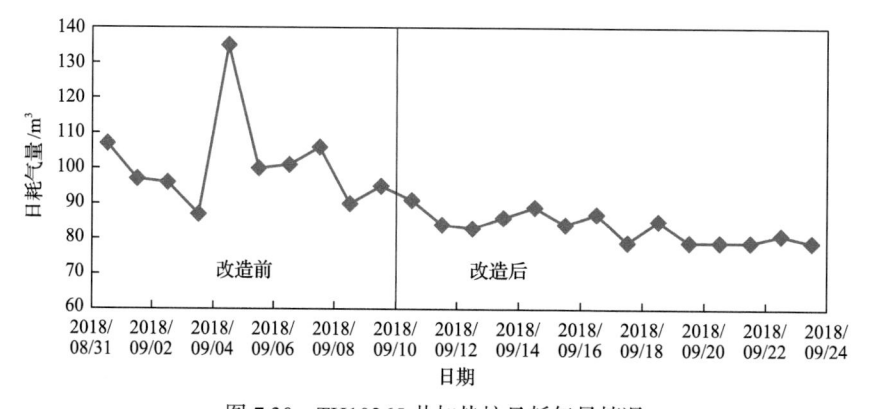

图 7.30　TH10265 井加热炉日耗气量情况

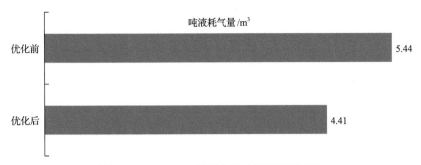

图 7.31　TH10265 井采出液吨液耗气量对比

17.87%。吨液耗气量由 5.44m³ 降低至 4.41m³，优化 18.93%。

2. TH10219 井加热炉改造

2018 年 9 月 16 日对加热炉进行了改造，改造前后井口采出液加热温度、日耗气量和吨液耗气量分别如图 7.32～图 7.34 所示。由图 7.32～图 7.34 可见，在设定采出液温度为 55℃时，改造后井口采出液加热温度更加平稳。加热炉日均耗气量由智能温控前的

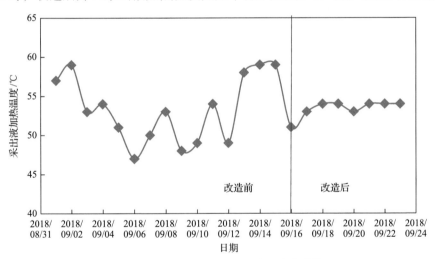

图 7.32　TH10219 井采出液加热温度变化情况

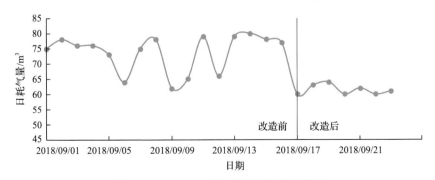

图 7.33　TH10219 井加热炉日耗气量情况

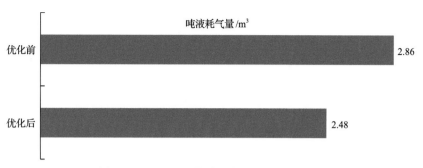

图 7.34 TH10219 井采出液吨液耗气量对比

73.81m³ 优化至 61.42m³, 节气 12.39m³, 优化 16.79%。吨液耗气量由智能温控前的 2.86m³ 优化至 2.48m³, 优化 13.29%。

对塔河油田已改造井口加热运行效果的分析可知, 通过高效火嘴应用和加热炉自动控制改造, 加热炉燃烧效率得到明显提升, 采出液加热温度相对更加稳定, 可根据现场出液情况及时远程控制加热炉出温, 无须现场人员调试火源大小, 节省时间, 操作简便, 提高工作效率。温控装置可保证加热炉根据设定温度保持在较稳定的范围。改造后节气效果明显, 节气率为 13.28%～18.93%, 可节约燃气 1050 万 m³/a。

第8章 塔河油田检测新技术及应用

8.1 原油含水在线检测技术

8.1.1 技术背景

原油含水在线检测技术以人工法为主，耗时长、用工多、劳动强度大、取样随机性大、存在较大的人为误差。各种在线检测仪器因检测精度、缺乏维护等而未得到大面积推广应用。为此，根据塔河油田原油特性，开展原油含水在线检测关键技术攻关及现场试验，对提升管理质量和生产时效、降低劳动强度、优化劳动用工有重要的现实意义和经济价值。

8.1.2 原油含水在线检测技术介绍

当今国内外原油含水在线检测技术较多，主流技术主要包括电容法、微波法和电磁波法，而微波属于高频电磁波[56]。以下主要对应用相对较广的电容法和电磁波法进行介绍。

1. 电容式原油在线含水分析技术

1）测量原理

电容式原油在线含水分析仪是在原油和水的介电常数差异较大的基础上，实现原油中微量水含量的测量。一般来说，水的相对介电常数为81，无水原油的相对介电常数为1.8～2.3，由于介电常数的不同，不同含水原油的等效介电常数发生很大变化，从而引起电极尺寸和形状一定的电容器的电容量发生变化，这就是用电容法测量原油含水率的基本原理。

电容式原油在线含水分析仪所使用的同轴圆柱形电容器如图8.1所示，当内外电极间的环形空间内充满介电常数为ε的不导电液体介质时，电容器的电容量如式(8.1)所示：

$$C = \frac{2\pi\varepsilon H}{\ln\dfrac{R_1}{R_2}} = k_0 H \tag{8.1}$$

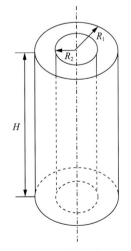

图 8.1 同轴电容器

式中，C为电容器电容，F；H为同轴电容器的高，mm；R_1为同轴电容器的外电极内半径，mm；R_2为同轴电容器的内电极外半径，mm；k_0为同轴圆柱面壁长度上所带电量，C；ε为介质的介电常数。

当原油含水率增加时，介电常数 ε 增加，电容 C 增大。所以只要测出 C，就可得到原油的含水率。

2）结构与安装

目前，塔河油田电容式原油在线含水分析仪有插入式和流通式两种形式，其结构如图8.2所示。

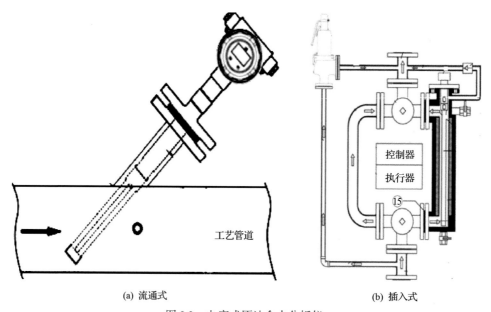

（a）流通式   （b）插入式

图8.2　电容式原油含水分析仪

该检测仪直接将含水原油引入测量电容的内外筒电极之间，实现了含水的在线连续监测。为了保证测量精度，在仪表中引入了微处理器。它将影响测量精度的温度、油品性质等参数采集至微处理器处理，与多种校正曲线比较后进行补偿，从而保证了仪表的稳定性、可重复性和测量精度。为了适应不同场合的测量要求，电容式原油在线含水分析仪一般有低量程（0%～20%）、高量程（80%～100%）、全量程（0%～100%）等不同量程范围。

流通式电容原油在线含水分析仪安装时，预先在工艺管道上预制旁通管路，管路通过法兰与分析仪本体连接，原油遵循低进高出的原则流动，目的是减少气体对测量精度的影响。插入式电容原油在线含水分析仪安装时，在工艺管道预制套管及配套法兰，水平管道一般采用45°角安装。

2. 电磁波式原油在线含水分析技术

1）测量原理

电磁波式原油在线含水分析仪由石英晶体振荡器产生一频率稳定的甚高频交流电压，通过耦合器进入天线，产生高频电磁波。天线、探头外壳之间形成一定的电容，作为谐振电路的调谐电容。当原油的含水率不同时，天线探头的电容量发生变化，谐振电路的振荡电压随之发生相应变化,检波后其整流电压的变化与原油含水率有关。由于采用谐振放大技术,尽管探头电容量变化很小,也能引起较大的振荡电压变化,无须再经放大电路就可直接取用,经标定后可用输出电压的直流成分反映出原油的含水率。

当天线置于纯水中时,谐振电路处于谐振状态,检波后的电压值较高;当天线置于无水油中时,回路失谐,检波后的电压值较低。当天线置于含有一定水分的油中时,回路处于不完全谐振状态,检波后的电压值也处于上述二者之间。因此,测量检波后的电压值即可确定天线处的含水率。

2) 结构与安装

电磁波式原油在线含水分析仪结构如图 8.3 所示。含水分析仪由显示部分、天线探头及连接装置组成。连接装置用于不停产带压状态下抽出天线探头,以便清洗检修。

图 8.3 电磁波式原油在线含水分析仪

插入式原油在线含水分析仪安装时,预先将球阀、密封室、密封压盖、取样阀组装成一体,工艺管道上预制引压管,引压管与仪表采用螺纹连接。安装位一般选择管道弯管处让流体方向与传感器方向相对。

8.1.3 现场应用

1. 电容式原油在线含水分析技术现场应用效果

1) 插入式电容原油在线含水分析技术

插入式电容原油在线含水分析仪结构简单,无可动部件,维护较为方便,含水区域含水率在 0%~40%时测量精度高。缺点是含水率在 0%~100%全量程测量时仪表精度较低,含水率超过 80%时电容值接近全水电容值,另外对不同物性油品测量时需要重新设置校正参数,仪表运行一段时间传感器易挂料影响测量精度。

插入式电容原油在线含水分析仪主要应用于采油一厂 S72-2 单井，该井属于高含水井，含水率超过 80%，分析仪表所测得电容值趋于全水的电容值。现场数据与人工化验数据对比如表 8.1 所示，对应折线图如图 8.4 所示。

2）流通式电容原油在线含水分析技术

流通式电容原油在线含水分析仪在结构上有所改进，仪表本身自带分离罐并具备加热功能，对于含气量较高的油品具有气体分离功能，测量精度高，量程比大。其现场应用如图 8.5 所示。

表 8.1   S72-2 单井试验数据表 （单位：%）

检测序号	含水率在线显示值	含水率化验值	绝对误差
1	95.90	97.10	1.20
2	97.90	96.90	1.00
3	98.20	97.20	1.00
4	97.00	96.60	0.40
5	97.00	96.90	0.10
6	98.50	96.80	1.70
7	97.00	96.90	0.10
8	99.10	96.80	2.30
9	99.00	97.80	1.20
10	97.30	98.80	1.50
11	91.30	98.30	7.00
12	98.00	98.50	0.50
13	99.10	99.10	0.00
14	97.70	98.90	1.20
15	97.80	98.80	1.00
16	93.20	97.10	3.90
17	95.40	97.70	2.30
18	94.70	96.40	1.70
19	92.10	97.00	4.90
20	94.10	97.80	3.70
21	95.70	94.60	1.10
22	94.90	98.80	3.90
23	95.20	99.00	3.80
24	94.10	97.30	3.20
平均值	96.26	97.55	2.03

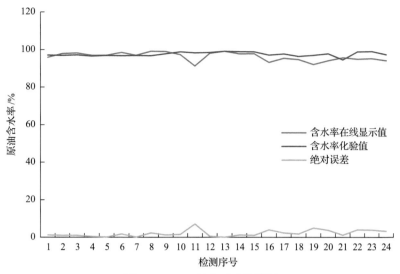

图 8.4　S72-2 单井试验数据图

图 8.5　流通式电容原油在线含水分析仪现场应用

　　流通式电容原油在线含水分析仪因自身附加结构的设计，气液分离效果好，测量含水区域含水率在 0%～40% 的原油时测量精度高，平均绝对误差为 1.33%，现场应用效果较稳定。由于工作原理的限制，在测量含水率超过 80% 的原油时，仍存在电容值接近全水电容值的问题。流通式电容原油在线含水分析仪目前主要应用于塔河油田采油三厂 8 区、10 区的中低含水单井及接转站，并在 TK743 单井开展现场试验工作。TK743 单井现场试验数据如表 8.2 所示，对应折线图如图 8.6 所示。

2. 电磁波式原油在线含水分析技术现场应用效果

　　电磁波式原油在线含水分析仪结构简单、传感显示一体化，既可以就地显示，又可以实现数据远传。电磁波式原油在线含水分析仪能够实现 0%～100% 全量程测量，仪表受气体影响较大，探头接蜡对精度影响很大，模拟电路长时间使用零点漂移明显。现场应用如图 8.7 所示。

表 8.2　TK743 单井流通式电容原油在线含水分析仪试验数据表　　　　（单位：%）

检测序号	含水率在线显示值	含水率化验值	绝对误差
1	0.10	0.21	0.11
2	0.00	0.18	0.18
3	1.90	0.00	1.90
4	1.70	0.22	1.48
5	0.60	0.19	0.41
6	0.00	0.00	0.00
7	8.90	9.20	0.30
8	0.20	0.00	0.20
9	13.50	11.20	2.30
10	19.80	17.15	2.65
11	17.90	14.85	3.05
12	8.90	9.20	0.30
13	18.70	19.60	0.90
14	20.40	19.35	1.05
15	19.50	18.15	1.35
16	13.50	11.20	2.30
17	0.30	1.07	0.77
18	0.40	1.70	1.30
19	0.00	2.04	2.04
20	0.20	2.25	2.05
21	1.70	2.16	0.46
22	7.20	1.88	5.32
23	1.70	0.22	1.48
24	0.10	0.21	0.11
平均值	6.55	5.93	1.33

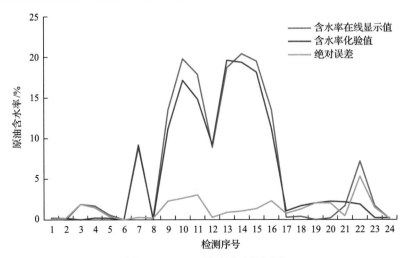

图 8.6　TK743 单井试验数据图

(a)　　　　　　　　　　　　　　　(b)

图 8.7　电磁波式原油在线含水分析仪现场应用

　　电磁波式原油在线含水分析仪主要应用于塔河油田采油一厂部分单井和塔河油田采油二厂 12 区接转站,所测位置原油包括低含水、高含水两类情况。分别选取低含水单井 S29-2 和中高含水单井 T903A-5 进行试验,试验数据分别如表 8.3 和表 8.4 所示,对应数据折线图分别如图 8.8 和图 8.9 所示。

表 8.3　S29-2 单井试验数据表　　　　　　　　　　　　　　（单位：%）

检测序号	含水率在线显示值	含水率化验值	绝对误差
1	2.30	0.10	2.20
2	2.40	0.20	2.20
3	3.70	0.30	3.40
4	3.72	0.30	3.42
5	4.60	0.60	4.00
6	4.60	0.50	4.10
7	4.60	2.00	2.60
8	1.00	1.00	0.00
9	5.97	0.00	5.97
10	5.97	0.10	5.87
11	6.56	0.00	6.56
12	6.56	0.10	6.46
13	6.40	0.00	6.40
14	6.40	0.00	6.40
15	6.49	0.10	6.39
16	6.49	0.40	6.09
17	4.91	0.00	4.91
18	4.91	0.00	4.91

续表

检测序号	含水率在线显示值	含水率化验值	绝对误差
19	4.60	0.10	4.50
20	1.70	0.10	1.60
21	1.60	0.00	1.60
22	1.90	0.00	1.90
23	0.00	0.00	0.00
24	0.00	0.00	0.00
平均值	4.06	0.25	3.81

表 8.4　T903A-5 单井试验数据表　　　（单位：%）

检测序号	含水率在线显示值	含水率化验值	绝对误差
1	54.58	50.50	4.08
2	53.40	53.10	0.30
3	55.47	58.30	2.83
4	54.61	62.50	7.89
5	54.30	55.20	0.90
6	55.51	58.10	2.59
7	54.45	57.80	3.35
8	54.50	57.90	3.40
9	54.60	52.40	2.20
10	54.73	55.20	0.47
11	54.63	56.00	1.37
12	54.59	57.40	2.81
13	54.61	55.20	0.59
14	54.57	59.10	4.53
15	54.67	57.60	2.93
16	54.75	55.70	0.95
17	54.58	55.40	0.82
18	54.75	58.60	3.85
19	54.60	57.80	3.20
20	54.66	53.30	1.36
21	54.68	56.00	1.32
22	54.58	59.20	4.62
23	54.56	58.40	3.84
24	54.61	57.00	2.39
平均值	54.62	56.57	2.61

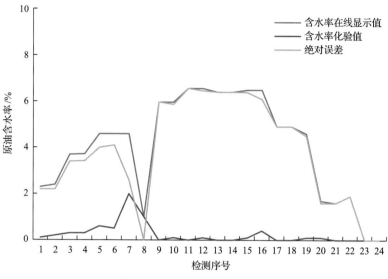

图 8.8　S29-2 单井试验数据图

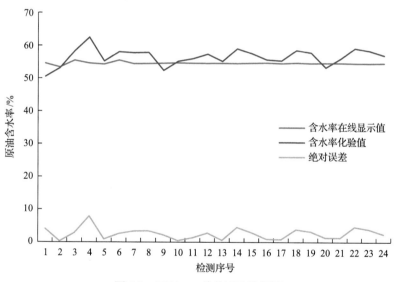

图 8.9　T903A-5 单井试验数据图

通过以上现场试验数据对比发现，在中高含水区间测量误差较小，测量精度和含水趋势能够满足现场要求，在低含水区间测量误差较大，但基本能反映出含水变化的趋势。

3. 在线原油含水分析仪现场应用选型经验总结

塔河油田通过对多种在线原油含水分析仪的现场试验，对在用的多种在线原油含水分析仪取得了一定的认识。其中电容式原油在线含水分析仪应用于中低含区间检测时，测量精度较高，但无法实现 0%～100%全量程测量；电磁波式原油在线含水分析仪能够实现全量程测量，但在低含水区间检测精度较低，应用于中高含水区间检测时，测量精度能够满足现场要求。另外，两种测量方法都易受测量液体含气率的影响。

对在线原油含水分析仪进行选型时，对于中低含水区间的井站宜选用流通式电容原油在线含水分析仪，对于中高含水区间的井站宜选用电磁波式原油在线含水分析仪。

8.2 氮气在线检测技术

8.2.1 技术背景

由于天然气的主要成分是烃类，当天然气中含氮量较高时，不仅会导致热值降低、集输过程中能耗大，而且使其不能直接用作某些化工原料和汽车燃料。目前，天然气中氮气含量检测的唯一手段是取样分析，人工取样化验时效性差，无法实时掌握天然气含氮量，同时样品输送、样品化验成本高。

8.2.2 氮气检测技术简介

天然气是混合气体，主要成分有甲烷、乙烷、乙烯、氮气、氢气、一氧化碳、二氧化碳等，共有色谱、光谱、气体传感器(gas sensor)和智能传感器阵列四类检测技术。

1. 气相色谱技术

1)气相色谱法

气相色谱法是一种以气体为流动相，采用冲洗法的柱色谱分离技术。它分离的主要依据是利用样品中各组分在色谱柱中吸附力的不同，也就是说利用各组分在色谱柱中气相和固相的分配系数不同来分离样品。

对于气-固色谱仪(本节所述为气-固色谱仪)，它的分配系数(吸附平衡常数)K 为

$$K = \frac{每平方厘米吸附表面吸附组分的量}{每毫升流动相中组分的量}$$

实验证明，在一定条件下，每个组分对某一固定相与流动相都有一定的分配系数，如果两个组分的 K 值相同，它们在色谱柱中无法分离，K 值大的在色谱柱中滞留时间长，K 值小的在色谱柱中滞留时间短，组分之间 K 值差越大，通过色谱柱的分离效果越佳。由此可见，分配系数的差异是决定色谱柱分离的先决条件。

检测天然气组分时，应用多维气相色谱分析技术和反吹技术，可以用一台色谱分析仪完成所有常规组分的分析。在大大减少分析成本的同时，也提高了分析效率。

多维气相色谱法是采用双进样口、双检测器，两个气路同时工作，通过阀的切换，实现一次进样完成全部检测的方法。具有分析结果重复性好、准确度高、操作简便、省时等特点。

反吹技术即将天然气样品通过进样口进样后，通过一段填充柱对组分进行初步分离，当待检组分(通常是轻组分部分)通过填充柱进入毛细管柱时，通过切换阀，反吹放空重组分。反吹技术既可以缩短实验时间，又可以减少重组分对分离柱的污染，去除其对实验结果的干扰。

图 8.10 是用 Agilent GC6890 气相色谱仪对某一天然气样品组分含量进行检测所得的色谱图。

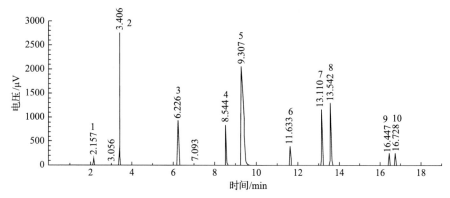

图 8.10 某天然气样本气相色谱图（Agilent GC6890 气相色谱仪）

1-CO_2；2-C_2H_6；3-C_3H_8；4-N_2；5-CH_4；6-CO；7-i-C_4H_{10}；8-n-C_4H_{10}；9-i-C_5H_{12}；10-n-C_5H_{12}

色谱峰的大小、峰高和峰面积是组分含量大小的度量。定量分析采用外标面积归一法。定量分析的数据如表 8.5 所示。

表 8.5 某天然气样本重复性实验结果

组分	质量分数					相对标准偏差/%
	1	2	3	4	5	
甲烷	74.3950	74.3090	74.4170	74.3000	74.3200	0.072
乙烷	5.1140	5.1120	5.0670	5.1190	5.0940	0.418
丙烷	0.6870	0.5790	0.6810	0.6880	0.6850	0.566
异丁烷	0.9870	0.9880	0.9880	0.9890	0.9840	0.195
正丁烷	1.0480	1.0440	1.0390	1.0450	1.0410	0.336
异戊烷	0.1053	0.1056	0.1050	0.1054	0.1057	0.260
正戊烷	0.1157	0.1156	0.1155	0.1152	0.1159	0.224
氮气	10.4320	10.4970	10.4630	10.4710	10.4840	0.235
二氧化碳	2.0190	2.0280	2.0200	2.0290	2.0390	0.399
一氧化碳	5.1080	5.1140	5.1080	5.1470	5.1230	0.318

采用 7890A 气相色谱仪对某一天然气样品组分含量进行检测，所得色谱图如图 8.11 所示，组分计算结果如表 8.6 所示。

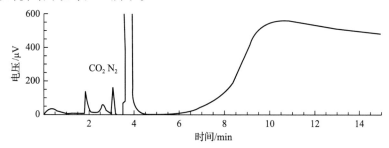

图 8.11 天然气组分检测色谱图（7890A 气相色谱仪）

表 8.6   组分计算结果

名称	结果 a	结果 b	平均值
w(甲烷)/%	93.72	93.72	93.72
w(乙烷)/%	3.01	3.01	3.01
w(丙烷)/%	0.54	0.54	0.54
w(二氧化碳)/%	1.11	1.11	1.11
w(氧气)/%	0.00	0.00	0.00
w(氮气)/%	1.33	1.33	1.33
w(正丁烷)/%	0.08	0.08	0.08
w(异丁烷)/%	0.12	0.12	0.12
w(新戊烷)/%	0.00	0.00	0.00
w(正戊烷)/%	0.04	0.04	0.04
w(异戊烷)/%	0.03	0.03	0.03
w(异己烷)/%	0.01	0.01	0.01
w(C_{6+})/%	0.01	0.01	0.01
高位发热量/(MJ/m^3)	37.62	37.62	37.62

注：w 表示质量分数。

四川地区开发勘探出的大量不含 C_6 以上组分的深层天然气，利气相色谱分析法，可在 5min 内分析天然气中 14 种组分。采用微型热导检测器，比传统的热导检测器灵敏度高 10 倍，可检测气体组分低至 10^{-6} 数量级。由于该色谱仪体积很小，只采用氦气和氩气作为载气，内置载气钢瓶和 24V 直流可充电电源，安全且便于携带，特别适用于远离实验室的管输现场、野外及输气站点等现场分析。

采用 Agilent 3000A micro-GC 气相色谱仪所得色谱图见图 8.12。通道 A 的分子筛色谱柱载气为氩气，可分离天然气中的氦气和氢气。通道 B、C、D 的分子筛色谱柱载气为氦气，通道 B 可分离天然气中的二氧化碳和乙烷，通道 C 可分离天然气中的丙烷、异丁烷、正丁烷、异戊烷、正戊烷、新戊烷和正己烷，通道 D 可分离天然气中的氧气、氮气和甲烷。通道 A、B、D 可在 3min 内可分离完天然气中的 7 种组分，通道 C 可在 5min 内分离完天然气中的 7 种组分。该方法经过试验考察，色谱峰的分离度、试验结果的准确性和重复性满足国家标准《中间馏分中芳烃组分的分离和测定 固相萃取-气相色谱法》(GB/T 32384—2015)要求。通过进一步定量分析可得天然气不同组分的含量大小。

2)氦放电色谱法

采用双气路和双分离柱的中心切割技术来分离氢气、氧气、氮气、甲烷和乙烷组分，其气路流程见图 8.13。

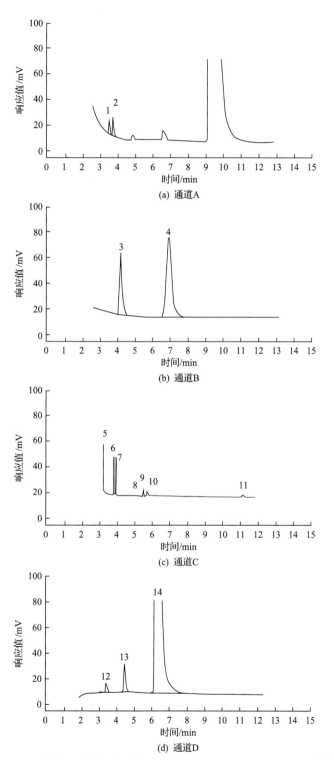

图 8.12　天然气组分检测色谱图（Agilent 3000A micro-GC 气相色谱仪）

1-氦气；2-氢气；3-二氧化碳；4-乙烷；5-丙烷；6-异丁烷；7-正丁烷；8-异戊烷；
9-正戊烷；10-新戊烷；11-正己烷；12-氧气；13-氮气；14-甲烷

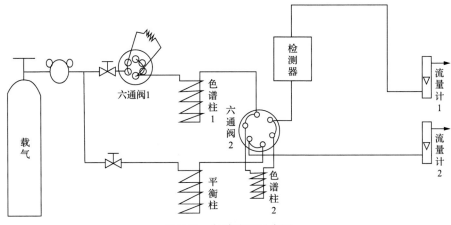

图 8.13　气路流程示意图

采用带有氦放电检测器[57]的仪器,按图 8.13 所示的气路流程来检测高纯甲烷中的杂质。该方法的原理是利用高压直流电压将氦激发成亚稳态,并产生电子,电子在电场作用下形成稳定基流。当甲烷样品被载气带入色谱柱 1 时被预分离,随后进入色谱柱 2 再次分离,同时将甲烷主组分切割出检测器,其余组分进入检测器后与其中的电子和亚稳态原子发生非弹性碰撞而电离,引起基流发生变化产生响应信号,在一定浓度范围内,响应值与组分含量呈线性关系,用色谱工作站记录此信号,用外标法定量检测各组分。

氦放电切割分离气相色谱法实现了一次进样便将氢气、氧气、氮气、甲烷和乙烷完全分离并准确定量,能满足超高纯甲烷产品(纯度不小于 99.999%)分析要求,节省了一台分析仪器,大大缩短了分析时间,可提高分析效率,降低分析成本,提高经济效益。

3) 色谱法缺点

色谱法的缺点是不能直接定性,进行间接定性也只是在掌握了有关已知纯度的色谱图的情况下才能进行。也就是说,没有已知的纯物质的标准样品作对照,就无法判断某一色谱峰究竟代表什么物质。定量时也需要用被测物的标准样品作对照,以计算被测物含量。据了解,目前常用的在线色谱仪基本为国外设备,主要包括德国西门子、美国艾默生、瑞士 ABB 等,价格昂贵(每台 30 万元以上),并且标准气与载气用量较大(约 16000元/a),且购货周期长(约 3 个月)。

2. 光谱分析技术

1) 光谱分析技术用于气体检测

光谱技术是根据物质吸收或发射辐射能而建立起来的一类分析方法。因为不同分子的原子团和原子的发射光谱和吸收光谱不同,而相同的物质在一定条件下的发射光谱和吸收光谱的强度与该物质的含量成正比关系所以可用该技术对物质进行定性和定量分析。

气体分子在吸收或者释放一定的电磁辐射之后,其自身的分子能级会发生质的变化,由原来的能级跃迁到新的能级,气体的选择吸收理论就是基于此提出的。气体的选择吸收理论主要是指气体能够吸收不同波长的光,波长和气体分子的内部性质有着直接的关系，根据不同的气体分子所吸收的不同波长的光我们就能够确定气体的主要成分。这也为我们当前以吸收光谱为原理的工业气体检测技术提供了一定的理论基础。

2）光谱技术的不足

虽然光谱分析等谱线技术有一定的灵敏度，但是其操作过程非常复杂，通常需要专业技术人员来实施。更重要的是，在谱线的重叠区域往往难以区分和识别不同气体种类和组分，制约了该技术用于气体组分和含量分析的发展。

3. 气体传感器技术

1）气体传感器的分类

气体传感器作为传感器领域的一个重要分支，属于化学传感器。它主要用来检测气体的组分和浓度，对接触气体产生感应并将其转化成电信号从而达到对气体进行定量或半定量检测报警的目的。气体传感器可基于材料的电、声、光、热、质量等参数的变化进行气体检测，因而其原理各异、种类繁多。气体传感器按其工作方式主要有半导体式（电阻型和非电阻型）、固体电解质式、接触燃烧式、电化学式等，另外还有红外吸收型、晶体振荡型、光导纤维型、热传导型、光干涉化学发光型、声表面波型等，如图8.14所示。

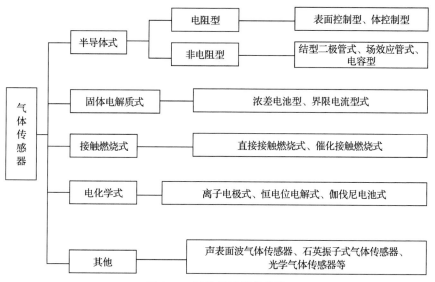

图8.14　气体传感器的分类

半导体式气体传感器利用被测气体与半导体敏感材料表面接触时产生的电导率、半导体性质等物理性质变化来实现对气体成分或浓度的检测。按照检测气体特征参数方式的不同，可进一步分为电阻型和非电阻型两大类。其中，电阻型半导体式气体传感器又可分为表面控制型和体控制型。表面控制型指待测气体与敏感材料相互作用时，在材料表面，目标气体分子与氧化物发生可逆的氧化还原反应并引起敏感材料电导率发生变化。而体控制型指待测气体与敏感材料结构相互作用时，引起材料结构元素价态等变化而导致敏感材料电导率发生改变。非电阻型半导体式气体传感器则是根据对目标气体的吸附和反应，使半导体式气体传感器的电流、电压或阻抗等信号发生变化而对气体进行直接或间接检测，主要有场效应管式、结型二极管式及电容型等形式。

固体电解质式气体传感器使用与电解质水溶液具有相同离子导电性的固体电解质做气体敏感材料，原理是敏感材料在通过气体时产生离子，形成电动势，通过测量电动势从而测量气体浓度。由于这种传感器电导率高，灵敏度和选择性好，得到了广泛的应用，仅次于金属氧化物半导体式气体传感器。

接触燃烧式气体传感器可分为直接接触燃烧式和催化接触燃烧式两种。其工作原理是：气体敏感材料在通电状态下，可燃性气体氧化燃烧或在催化剂作用下氧化燃烧产生热量，而气体浓度就会对生成的热量产生影响，使测量电热丝的电阻值发生变化，实现气体浓度的测量。这类传感器体积小、成本低、稳定性好、准确度高，但选择性差，只能检测氢气、甲烷等燃烧性气体，对不燃性气体不敏感。

电化学方式气体传感器主要由恒电位电解式、伽伐尼(Galvanic)电池式及离子电极式三类。恒电位电解式在保持电极和电解质溶液的界面为恒定电位时，将被测物直接氧化或还原，以流过外电路的电流作为输出，实现对被测物质的检测；伽伐尼电池式将溶解于电解质溶液中的被测物质作用于电极而产生的电动势作为传感器的输出，实现对被测物质的检测；离子电极式将被测气体物质溶解于电解质溶液并离解，离解生成的离子作用于离子电极产生电动势作为传感器的输出，实现对气体浓度的检测。这类传感器具有体积小、检测速度快、准确、便携等优点，广泛用于化工、采矿、军事等行业的安全检测、环保监测、生产过程控制等。

此外，还有基于气体敏感材料吸收气体后声波在材料表面传播速度或频率发生变化的原理制成的声表面波气体传感器；基于气体敏感材料吸收气体后发生质量变化而制成的石英振子式气体传感器；基于气体敏感材料的吸收光谱随被测气体浓度变化而发生改变而工作的光学气体传感器等。

2)气体传感器的性能指标

(1)响应度和灵敏度。

响应度是衡量气体传感器性能的关键性能参数，表示气体传感器对目标气体的敏感程度。对于电阻型气体传感器，可以用接触被测气体前后器件电阻比值(R_a / R_g)、电阻变化量百分比($\Delta R / R_a$)等形式表示。其中，R_a、R_g及ΔR分别为气体传感器在空气中、测试气体中的电阻值及两者的电阻差。

灵敏度指气体浓度的单位变化量引起的敏感材料电阻、响应等参量的变化的大小，表示器件区分气体浓度差别的能力，是气体传感器性能参数中最为重要的一个指标。在实际应用中，要求气体传感器具有较高的灵敏度，尤其对低浓度气体也具有响应。

(2)工作温度。

工作温度通常指气体传感器对目标气体体现最大灵敏度的温度条件。操作温度越低就意味着能耗越低，同时气体传感器的寿命也越长，其中室温检测一直是气体传感器工作者的追求目标。但由于气体敏感材料表面进行的表面敏感反应的动力学与温度有很大关系，较低的温度有时候会导致气体敏感响应和恢复时间(recovery time)延长，这时就需要综合考虑，合理选择操作温度。

(3)重复性。

重复性是指在同一工作条件下，传感器对同一输入量按统一方向连续多次测量的输出值间的相互一致程度。重复性同样是气体传感器的重要性能指标，其优劣直接影响气体传感器的使用周期。只有敏感材料的稳定性及重复性得到保证，气体传感器才能被实际应用于生产生活中。

(4)响应恢复性。

气体传感器对目标气体的响应恢复性直接反映了气体传感器应对环境气体变化的时效性，也是气体传感器的重要指标之一。响应时间是指气体传感器在目标气氛中的阻值达到稳定状态所需要的时间，通常用气体传感器吸附目标气体前后电阻变化 90% 所用的时间用 t_{res} 表示。恢复时间是指气体传感器恢复初始阻值所需的时间，通常用气体传感器脱附目标气体前后电阻变化 90% 所用的时间用 t_{rec} 表示。通常希望响应时间和恢复时间越短越好。

(5)选择性。

选择性指气体传感器对目标气体的甄别能力及对非目标气体的抗干扰能力。它主要通过气体传感器对混合气体中不同组分的灵敏度差异情况来判断。选择性是评测气体传感器抗干扰能力的一个重要性能参数，选择性的优劣直接决定传感器能否用于对目标气体在恶劣气体环境中的分析与检测。气体传感研究中重视器件在复杂气氛环境中有选择地对目标气体实现高灵敏检测，以满足智能化气体传感器件的使用需求。

(6)稳定性。

稳定性是指气体传感器在测试期间传感特性的稳定情况。理想情况下，气体传感器的各个参数在测试期间保持不变或者发生较小的波动，这些指标包括灵敏度、响应时间和恢复时间等。稳定性反映了元件电阻或灵敏度对工作环境变化的承受能力，是气体传感器实用化的重要前提。

以上指标都可以用来表征气体传感器的性能。总之，高性能气体传感器应该满足以下条件：高灵敏度、良好的重复性和选择性、快速的响应时间及恢复时间、较低的工作温度和长期稳定性。

3)气体传感器的优势与不足

包括半导体式气体传感器、电化学式气体传感器、催化接触燃烧式气体传感器、热传导型气体传感器、红外吸收型气体传感器在内，所有的气体传感器都是电参量输出，但是除了红外吸收型气体传感器之外，气体类型传感器的量程都比较小，而且寿命较短（平均少于 6 月）。

气体传感器最主要的缺陷在于，所有的气体传感器都无法在混合组分中准确监测，而只能在单一气体中监测。因为它们全都无法克服其他气体带来的交叉敏感。

4. 氮气在线检测技术

氮气在线检测技术是通过红外传感器阵列获取天然气混合气体中多种气氛浓度值的电参量，结合信息融合技术，实时读取和检测油井中氮气的参数信息。这种融合传感技术与电子信息的智能化实时监测系统既可以克服谱分析技术操作复杂、谱线重叠误报、实时性差等缺陷，又可以解决传统气敏传感器灵敏度低、工作温度高、使用寿命短等缺陷，如图 8.15 所示。

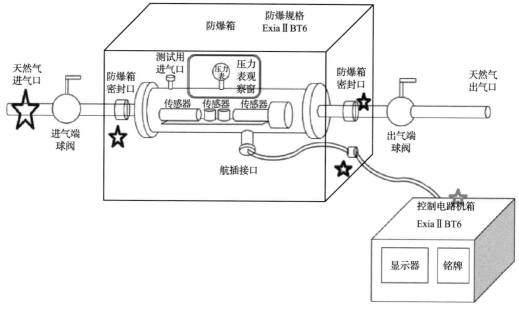

图 8.15　油井氮气在线检测装置示意图

氮气在线检测技术结合神经网络信息融合技术，可消除混合组分对气体传感器的交叉敏感，对混合气体进行定性和定量识别。该体系可识别混合气体，是国内首次开发基于深度学习算法的智能传感器含氮量在线检测设备。不仅适用于天然气生产现场的氮气浓度检测，而且可推广到任何生产过程混合气体在线监控的场合中。

（1）以气体传感器阵列为中心的混气测试系统的功能是把气体成分含量转换为电信号（含神经网络软件）。由四类传感器作为特征传感器，通过神经网络训练之后，准确读取甲烷和氮气浓度值，其结构示意图如图 8.16 所示。

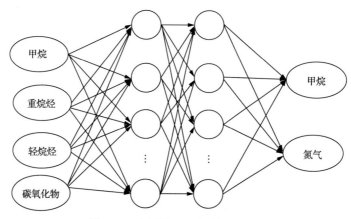

图 8.16　多层神经网络结构示意图

(2)智能化信息融合高保真并行获取模块的功能是对传感器的电信号进行滤波、自动换量程放大、模数转换等。信息中央处理中心由现场可编程门阵列(FPGA)硬件并行实现传感器信号采样、信息融合、控制、通信等功能。通信和存储模块通过 RS485 实现监测系统的遥控遥测或就地处理。电路系统整体结构如图 8.17 所示。

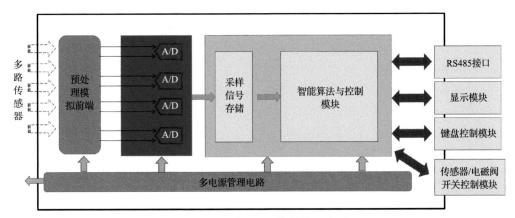

图 8.17 电路系统整体结构示意图

8.2.3 现场应用

2018 年 4 月,天然气氮气在线检测仪样机在塔河油田输气首站、金胡杨接转站开展了现场试验,为期 9 天,根据现场测试数据(表 8.7),精度的表示可以参考色谱,仪器检测精度满足现场生产需求。

表 8.7 色谱法与氮气在线检测装置测试数据对比表 （单位：%）

测试日期	测试地点	测试方法	甲烷	重烷烃	轻烷烃	碳氢气体	碳氧气体	氮气
2018/04/17	输气首站取样点 1	色谱法	86.5	3.59	1.24	4.83	0.96	7.35
		氮气在线检测装置	85.67			7.67	0.93	6.73
	输气首站取样点 2	色谱法	89.7	2.95	0.91	3.86	0.56	5.75
		氮气在线检测装置	88.74			5.99	0.75	7.52
2018/04/18	输气首站取样点 1	色谱法	85.6	3.42	1.42	4.84	0.92	8.64
		氮气在线检测装置	82.03			7.91	0.94	9.11
	输气首站取样点 2	色谱法	89.46	3.03	0.74	3.79	0.84	5.67
		氮气在线检测装置	86.46			6.35	0.75	8.94
	金胡杨接转站	色谱法	63.68	5.02	3.48	8.5	2.6	22.18
		氮气在线检测装置	67.46			13.63	2.75	20.46
2018/04/19	输气首站取样点 2	色谱法	89.63	3.05	0.74	3.79	0.84	5.67
		氮气在线检测装置	83.96			6.35	0.75	8.94
2018/04/20	金胡杨接转站	色谱法	58.7	4.52	2.93	7.45	2.54	28.5
		氮气在线检测装置	63.84			12.89	2.63	26.9

第9章 塔河油田地面工程新技术展望

近年来，塔河油田通过技术引进和自主创新，支撑了地面工程核心技术不断进步和发展方式的转变。主要体现在地面建设水平持续提升，生产运行指标明显改善，在油气集输、油气处理、采出水处理等方面取得了较大的进展。研发推广了一系列先进实用技术，成功开展了多项重大试验攻关，多项技术达到了国际先进水平。

随着开发的推进，塔河油田老化将进一步加剧，国家安全环保要求也越来越严格，油田必须坚定不移地走低成本发展道路，必须全方位、全过程、全要素降本增效，油田地面工程需主动适应新形势、新要求，进一步加强技术攻关，增强提质增效能力，实现油田开发创新发展。结合塔河油田在生产运行中面临的问题，塔河油田地面工程新技术还需要向以下 10 个方面进行攻关或发展。

1. 稠油低温输送技术

塔河油田稠油集输温度为 70℃左右，同时高含硫化氢，采出水高含氯离子，不仅能耗高、成本高，也加剧了管道、设备腐蚀。随着稠油含水率逐渐增高，受乳化程度的影响，稠油黏度进一步增加，给输送带了严重挑战，需开发稠油低温输送技术。

2. 稠油降黏新技术

塔河油田采用稠油掺稀降黏输送，掺稀稀稠比较大，对稀油的需求量大。随着稠油黏度的进一步增加和对稠油开发力度的加大，对稀油的需求量增多，给稠油掺稀降黏带来了严峻的挑战，需开发稠油降黏技术，降低稠油掺稀稀稠比。开展油溶性降黏剂、多介质掺稀降黏、稠油循环掺稀降黏等新技术的攻关和实践。

3. 稠油低温破乳技术

塔河油田稠油黏度高、密度大、沥青质含量高，破乳温度在 70℃以上[58]，脱水能耗高，同时高温条件加剧了设备腐蚀，需研发新型破乳装置、新型破乳药剂以达到稠油低温破乳效果。

4. 酸气处理新技术

国内酸气处理技术主要为克劳斯法和湿式氧化还原法。克劳斯法是 H_2S 与空气中的 O_2 在催化剂作用下高温燃烧，将 H_2S 氧化为单质硫，主要应用于天然气处理规模大、总硫量大的处理工厂(需维持 1000℃以上的燃烧热值)。湿式氧化还原工艺在催化剂作用下，将 Fe^{3+} 还原成 Fe^{2+}，将 H_2S 转化成硫黄，主要应用于天然气处理规模小、总硫量小的处理厂站。塔河油田天然气净化站处理规模较小、硫化氢含量波动较大，酸气均采用湿式氧化还原法络合铁脱硫技术，存在硫黄品质较差、运行成本相对较高、操作强度大、含有机硫尾气难以达标处理等问题。需寻求新的低成本处理工艺，实现酸气经济、高效、环保处理。

5. 天然气脱氮技术

塔河油田采用氮气驱提高采收率技术，部分区块氮气含量高达 20%左右，最高达到 30%以上，严重影响天然气发热量，需进一步开展天然气深冷脱氮、天然气溶剂吸收脱氮、天然气膜分离脱氮等技术论证及其他新技术攻关。

6. 采出水水质改性新技术

常规水质改性通常采用中和法、电化学预氧化+中和法，主要存在处理成本高、产生污泥量大、处理流程长等问题，需开发新型水质改性技术以降低处理成本、缩短处理流程。

7. 采出水高效处理新技术

西北油田分公司常规水处理流程采用"混凝剂+絮凝剂+沉降"流程，存在加药量大、产生污油泥多、水处理成本高的问题。因此，要开展高效净水剂、水质净化新工艺攻关研究，降低水处理剂加量，减少污泥量，降低采出水处理成本。

8. 站内设备防腐技术

塔河油田站内设备主要为高氯离子、低 pH 环境，含水率高、温度高、H_2S 含量高的容器设备占比达 80%。需通过材质优化、药剂配套、物理防腐等防腐技术手段降低站内设备腐蚀，保障设备安全平稳运行。

9. 应力应变监测技术

西北油田分公司所属油气田面积大、所处环境复杂，既有戈壁、沙漠，也有胡杨林保护区、塔里木河，还有棉田、村庄，生态环境较为脆弱。油气泄露会带来严重的环境污染和生态破坏。沙丘移动、底层塌陷等问题造成的管道形变增加管道损伤风险，需开发油气管道应力应变监测技术，对管道灾害进行极早期预警和报警的远程监测，降低事故出现风险。

10. 数字化建设技术

随着信息技术的广泛发展，油气田建设逐渐趋于数字化方向发展。通过数字化设计及交付可实现工程建设安全、平稳、高效、经济运行，以及精细化管理，同时辅助后期智能化运营，从而推动企业向数字化、智能化油气田迈进。数字化建设有助于推动油气田地面工程建设与生产管理方式的转变，以及促进管理效率和管理水平的提升。

参 考 文 献

[1] 金强, 康逊, 田飞. 塔河油田奥陶系古岩溶径流带缝洞化学充填物成因和分布[J]. 石油学报, 2015, 36(7): 791-799.

[2] 李阳. 塔河油田碳酸盐岩缝洞型油藏开发理论及方法[J]. 石油学报, 2013, 34(1): 115-121.

[3] 王遇冬. 天然气处理原理与工艺[M]. 北京: 中国石化出版社, 2016.

[4] 王明信, 张宏奇, 于曼. 油田地面工程基础知识[M]. 北京: 石油工业出版社, 2017.

[5] 郑洪涛, 崔凯华. 稠油开采技术[M]. 北京: 石油工业出版社, 2012.

[6] 唐明. 塔河油田稠油降黏及脱水实验研究[D]. 北京: 中国石油大学(北京), 2016.

[7] 药辉. 稠油掺稀降黏规律及沥青质稳定性研究[D]. 北京: 中国石油大学(北京), 2018.

[8] 杜霖. 吐哈油田鲁克沁采油厂集中掺稀技术的实验与应用[J]. 中国石油和化工标准与质量, 2012, 19: 35-37.

[9] 吴玉国, 李小玲, 王国付. 油气计量原理与技术[M]. 北京: 中国石化出版社, 2016.

[10] 李文鑫. 稠油井有机解堵技术研究[D]. 成都: 西南石油大学, 2019.

[11] 邱伊健. 稠油掺稀采输管内掺混特性及多相流动规律研究[D]. 成都: 西南石油大学, 2015.

[12] 赵树杰. 稠油油藏分层注采管柱研究[D]. 大庆: 东北石油大学. 2015.

[13] 王世洁, 林江, 梁尚斌. 塔河油田碳酸盐岩深层稠油油藏开发实践[M]. 北京: 中国石化出版社, 2005.

[14] 李士伦, 张正卿, 冉新权, 等. 注气提高石油采收率技术[M]. 成都: 四川科学技术出版社, 2001.

[15] 顾忆, 黄继文, 贾存善, 等. 塔里木盆地海相油气成藏研究进展[J]. 石油实验地质, 2020, 42(1): 1-12.

[16] 李允, 诸林, 穆曙光, 等. 天然气地面工程[M]. 北京: 石油工业出版社, 2001.

[17] 武占文, 贾振, 王长怀, 等. 用于双金属复合管渗漏的管端保护装置研究[J]. 石油工程建设, 2020, 4: 69-72.

[18] 李盼. 镍基单晶高温合金析出相的电子显微学分析及第一性原理研究[D]. 济南: 山东大学, 2020.

[19] 董陈. 固溶强化型耐热合金 C-HRA-2 的组织与性能研究[D]. 北京: 北京科技大学, 2019.

[20] 刘邯涛, 孙丽丽, 武晓斌, 等. 双金属复合管专用新型自动化联动油箱装置[J]. 重型机械, 2020, 2: 43-46.

[21] 《地面集输工程》编写组. 地面集输工程[M]. 北京: 石油工业出版社, 2018.

[22] 杨继年, 朱金波. 微波辐照制备高分子泡沫材料的研究进展[J]. 化工新型材料, 2017, 3: 16-18.

[23] 张猛. 油气田用聚烯烃管材与油气介质相容性评价[D]. 西安: 西安石油大学, 2018.

[24] 郭连升, 王振东. 柔性复合高压输送管在油田开发中的应用[J]. 清洗世界, 2020, 7: 103-104.

[25] 刘骁飞, 龚程程, 金浩哲, 等. 渣油加氢空冷系统流动腐蚀风险预测及防控策略研究[J]. 高校化学工程学报, 2020, 4: 1044-1052.

[26] 夏平原, 李诗春, 陈斌. 玻璃纤维增强连续塑料复合管道的应用性能[J]. 油气储运, 2013, 7: 795-798.

[27] 马国光. 天然气集输工程[M]. 北京: 石油工业出版社, 2014.

[28] 《油气集输和油气处理工艺设计》编委会. 油气集输和油气处理工艺设计[M]. 北京: 石油工业出版社, 2016.

[29] 邓小卫, 汪露, 罗剑波. 塔河油田稠油溢流特性及应对措施[J]. 西部探矿工程, 2020, 6: 39-42.

[30] 吕进, 康勇, 王泽鹏, 等. 油田油水分离技术及设备研究进展[J]. 石油化工设备, 2019, 5: 69-75.

[31] 王鹏, 魏德洲. 高硫铝土矿脱硫技术[J]. 金属矿山, 2012, 1: 108-110, 123.

[32] 杨雪. 杂化微球复合油水分离薄膜的制备及性能研究[D]. 乌鲁木齐: 新疆大学, 2017.

[33] 唱永磊, 李鹏程, 王伟伟, 等. MS 油田注水系统结垢与腐蚀控制措施分析[J]. 辽宁化工, 2020, 8: 959-961.

[34] 李延春. 原油稳定轻烃产品主要质量指标的控制[J]. 油气田地面工程, 2019, 9: 31-35.

[35] 付秀勇. 塔河油田含酸稠油超声波脱水工艺技术研究[J]. 成都: 西南石油大学, 2013.

[36] 宋志峰, 张烨, 杨胜来, 等. 塔河油田含酸稠油破乳脱水工艺探讨[J]. 油田化学, 2012, 29(4): 42-45.

[37] 韩帅. pH 值影响老化稠油脱水效果分析及对策[J]. 新疆石油科技, 2018, 1(28): 45-47.

[38] 董颜鸣. 红山油田稠油破乳剂筛选及应用优化研究[J]. 新疆石油科技, 2015, 2(25): 30-33.

[39] 肯·阿诺德, 毛瑞斯·斯图尔特. 油田地面工程: 采出液处理工艺与设备设计[M]. 第三版. 马自俊, 仪晓玲, 王临江, 等译. 北京: 中国石化出版社, 2010.

[40] 周巍, 何巧巧, 王洋, 等. 天然气净化的脱硫装置腐蚀分析研究[J]. 石油和化工设备, 2020, 8: 105-107.

[41] 丁峰. 矿物吸附剂对燃煤烟气中汞的脱除机制的研究[D]. 武汉: 华中科技大学, 2012.

[42] 蒋洪, 刘支强, 朱聪. 天然气中汞的腐蚀机理及防护措施[J]. 天然气化工, 2011, 1: 70-74.

[43] 张培谦. 天然气采输工程建设中的问题与对策探析[J]. 化工管理, 2014, 26: 272.

[44] 任赏赏. 氧化铝基天然气脱汞剂制备及脱汞性能研究[D]. 大连: 大连理工大学, 2019.

[45] 赵启龙, 康洛铭, 赵兴涛. 含有机硫天然气的脱硫工艺研究[J]. 广州化工, 2020, 16: 32-39.

[46] 赵德银, 姚彬, 汤晟, 等. 塔河油田二号联轻烃站有机硫脱除工艺研究与应用[J]. 现代化工, 2019, 7: 194-197.

[47] 邹应勇, 赵建彬, 刘百春, 等. 天然气处理装置中的超音速分离技术[J]. 油气田地面工程, 2014, 10: 76.

[48] 闫长辉, 胡文革, 周文, 等. 塔河缝洞型油藏特征及开发技术对策[M]. 北京: 科学出版社, 2016.

[49] 窦之林, 等. 塔河油田碳酸盐岩缝洞型油藏开发技术[M]. 北京: 石油工业出版社, 2012.

[50] 焦方正, 窦之林, 等. 塔河碳酸盐岩缝洞型油藏开发研究与实践[M]. 北京: 石油工业出版社, 2008.

[51] 林涛, 侯子旭. 塔河油田石油工程技术[M]. 北京: 中国石化出版社, 2012.

[52] 卢廷辉. 膜制氮气装置在石油开发中的应用[J]. 石油机械, 2000, 9: 37-38.

[53] 王学生, 王争昇, 陈琴珠. 新型太阳能联合热泵加热输送原油系统[J]. 油气田地面工程, 2010, 3: 55-56.

[54] 习尚斌, 李泽伟, 钱崇林, 等. 新疆油田天然气压缩机余热利用技术研究与应用[J]. 油气田地面工程, 2016, 5: 9-13.

[55] 李斌, 何岩, 毛谦明. 加热炉火嘴改造实现增产增效[J]. 化工管理, 2020, 12: 160-161.

[56] 杨春海, 张江江, 刘强. 塔河油田含水原油储罐底板在线检测技术研究[J]. 石化技术, 2019, 4: 141-142.

[57] 熊德权, 付永成, 陈琳. 氦放电色谱法检测高纯甲烷中杂质[J]. 低温与特气, 2011, 3: 30-36.

[58] 解金良. 稠油脱水低温破乳剂研究与应用[J]. 中国石油和化工标准与质量, 2019, 11: 197-198.